彩图1　暖色调　花瓶与苹果　宣阳

彩图2 冷色调 蓝色的和谐 宣阳

彩图3　中性色调　接近黄色，具有绿色倾向　黄布与执壶　宣阳

彩图4　中性色调　接近红色，具有紫色倾向　阿拉伯执壶　宣阳

彩图5a　色彩静物写生步骤

彩图5b　色彩静物写生步骤

彩图5c　色彩静物写生步骤　中国美术学院学生作品

彩图6a

彩图6b

彩图6c

彩图6d

彩图6 水粉风景写生步骤 刘峰

彩图7a

彩图7b

彩图7c

彩图7d

彩图7 水彩风景写生步骤 何志生

全国中等职业技术学校园林绿化专业教材

# 园林美术

（第二版）

宣大庆　主编

中国劳动社会保障出版社

**图书在版编目(CIP)数据**

园林美术/宣大庆主编. —2版. —北京：中国劳动社会保障出版社，2014
ISBN 978-7-5167-1287-0

Ⅰ.①园…　Ⅱ.①宣…　Ⅲ.①园林艺术-绘画技法　Ⅳ.①TU986.1

中国版本图书馆CIP数据核字（2014）第222306号

中国劳动社会保障出版社出版发行
（北京市惠新东街1号　邮政编码：100029）
*
三河市华骏印务包装有限公司印刷装订　新华书店经销
787毫米×1092毫米　16开本　12.75印张　2.75彩色印张　3彩插页　248千字
2014年9月第2版　2024年5月第5次印刷
定价：29.00元

营销中心电话：400－606－6496
出版社网址：http: // www.class.com.cn
http: // jg.class.com.cn

# 简介

本书根据人力资源和社会保障部培训就业司颁发的《园林绿化专业教学计划》与《园林美术教学大纲》编写，供全国职业技术学校园林绿化专业使用。全书分素描石膏几何体与素描静物、速写风景、线描花卉、色彩静物与色彩风景四个模块，全面讲述了素描基础知识，素描石膏几何体与素描静物的画法；速写风景基础知识，速写风景的画法；线描花卉基础知识，线描花卉的画法；色彩基础知识，色彩静物与色彩风景的画法。全书图文并茂，由浅入深，循序渐进，注重基础的训练与造型能力的培养，以提高学生的艺术素养与审美观，可读性强。

本书可作为职业培训教材与自学用书。

本书由宣大庆撰写、主编，宣阳、陈靓参编。书内有关说明版图均由宣阳制作、提供，计算机修改打印也由宣阳完成。

本书所有绘画作品，除署名外，均系主编宣大庆绘制。

# 目录
# CONTENTS

# 绪论

园林是一门造型与功能相结合的艺术形式。

园林美术是一门相对独立，以绘画艺术为基础，处于园林环境规划（绿化）设计和绘画艺术之间并将两者融为一体的学科。学习园林美术是为了帮助园林规划设计、园林绿化、园林施工管理等专业的学生提高艺术素养，掌握基础的美术理论和美术的表现技法技巧，同时培养形象思维和审美能力，以便更好地进行园林规划设计及园林绿化管理。

一、园林与绘画

园林与文学、绘画在中国历史上几乎是同步发展、互相影响的。

园林的设计意图与园林环境形式用绘画来表现，其实并不是什么新课题。早在几百年前，我们的祖先就曾用绘画的语言表达宫苑的设计概貌。我国优秀的古典园林之所以有极高的艺术价值，首先在于它与传统绘画艺术等关系极为密切，园林空间艺术和诗情画意融为一体。

中国山水画对中国园林的发展与影响极为深刻、直接，“以画入园，因画成景”。在古代造园过程中有许多地方是先构图立意，后根据画意施工建造，它的总体布局和景观的组合方法与山水画的创作原则相一致，且以山水画为模式进行。我国古典园林中的精华，被称之为“文人写意山水派园林”的第宅园林，正是一些文人、画家参与营造、设计或出谋划策的。文人画的纯写意画风被借鉴于园林的规划设计，就成为“文人写意山水园林”确立的契机。因此，中国园林是把作为大自然的概括与升华的山水画又以三度空间的形式复现到人们的现实生活中来。这些园林面积虽小，意义却颇为深远。不仅园林的创作，乃至园林的品评与园林的鉴赏也莫不借鉴于绘画。

园林设计人员在进行方案的设计、比较、征询意见和送审报批等过程中，通常用图纸和模型两种方式表达设计意图。

图纸，包括景观效果图和鸟瞰图，采用透视原理生动直观地表现设计构思，其形象感与真实感及直观效果均较强。绘制时，一般采用绘画造型手段，如线条、明暗、色彩，和用水彩、水粉、国画以及计算机设计等来表现。绘制透视图所使用的材料工艺，要比制作模型采用的材料工艺简便得多，除此以外，制作周期短，花费人力、物力少，不需要较大的存放空间，易于搬运，易于复制等，这些都是园林模型制作所望尘莫及的。故一般的展示活动更倾向于采用图纸，因为它要比模型更经济、更方便、更容易修改与更换。

模型，具有形体真实感，能从任意角度观看，并能把立体的构件加以组合来表现各种园林景物。特别是近年来发展起来的计算机建模，实现了类似潜望镜的观察方式，能使人“深入”到模型的每一个细节，从各种角度去观察、拍摄，同实际游园或登高甚至高空悬停观察无多大区别。它既可做静观，又可做动观，这也是示意图无法比拟的。但对材料质感的表现，特别是对于环境气氛的营造，模型却不如鸟瞰图及各种形式的透视图更为真实生动。

作为造型艺术之一的绘画艺术，是运用线条、色彩、明暗、面、形、构图等基本手段，在二度空间的平面上，通过形象来表达人们对现实的审美感受和审美需要的一种静态艺术形式。

作为同一种艺术表现技法，园林美术与一般绘画艺术在基础学习阶段，在进行构思创作、表达意图时，有很多内容完全一致。园林美术与其他绘画艺术创作一样都讲究艺术的集中、提炼、概括和典型性。我国传统美学的核心是“天人合一”，重“情”重“意”是其特点。意境情趣是中国绘画艺术与园林艺术的精髓。造园布景常以诗情画意为意境，要求达到“诗中有画，画中有诗”的境界。

但园林美术与一般绘画艺术相比较，创作原则更有其特殊性。园林鸟瞰图对画面形象的准确性与真实感要求颇高，必须尽可能地忠实于现实，尽可能地符合工程建成后地实际效果。它不能像纯绘画艺术创作那样带有主观随意性，更不能离开设计意图用写意变形地方法来表现对象。

二、美术在园林艺术中的地位与作用

“美”是园林艺术的生命。园林的设计和建造过程就是创造“美”的过程，园林艺术与其他艺术门类一样都是以表现“美”为己任的。一个园林工作者的艺术修养主宰和支配着他的设计和创作构思。当然，美的形式是随着文化、地域的差异而有所不同的。在东方，以中国古典园林为代表的再现自然山水式园林所创造的和谐之美、统一之美是真正妙造自然的园林美。在西方，以法国古典主义园林为代表的几何形园林所创造的整齐一律之美、均衡对称之美则是严格几何制约的园林美。

属于园林美的内容有植物、动物、山水、建筑等，其中，植物是构成园林美的主要角色。因此，学习速写风景与线描花卉对于园林美的感知、塑造与表现是极有好处的。用速写风景中的线描画法在园林规划设计中绘制鸟瞰图，可以给人以直观的视觉效果（有的也用网格法作画）。当然，园林设计中的树木山石也可以采用建筑装饰画的方法来绘制，这样画起来既简单方便，又有较强的趣味性，且同样能达到直观、明了的目的。

三、学习园林美术的方法

通过素描、速写、线描、色彩四大模块的学习，使画者能够把握造型的基本原理、规

律，学会造型的基本技巧、技能。同时，可以借用其绘制风景画、花卉表现的方法来画园林中的各种效果图，可以用风景画、花卉画中各种表现技法及内涵特点来调整、处理园林中的景物关系。另外，也可以对祖国的传统文化有一定的了解与继承。这对指导园林规划设计、园林植物造型、配植与鉴赏，以及盆景制作、插花艺术与花卉应用艺术等都是非常有益的。

园林是一种艺术创作。当园林缺少了艺术，就势必失去了它的灵魂。因此，学习园林美术要把有关造型艺术的基础知识与能力的训练放在首位。也就是在学习一些基本的造型科学知识的同时，结合对客观事物的正确认识与分析，以艺术的观点作指导，用最简练扼要的方式，准确地把握对象的空间关系、透视比例、形体结构与色彩关系等基本内容，培养、增强设计的能力以及创造的能力。

学习园林美术，就是从审美的角度去观察世界，学会用手中的画笔表现自然之美，探索艺术的规律，开拓艺术的视野，陶冶美的情操，改善与美化我们的生存、居住环境。

# 第一章　素描石膏几何体与素描静物

**学习目标**

◆了解素描的概念及其基本表现形式
◆掌握素描基础知识
◆熟练掌握素描石膏几何体写生的要点及画法
◆熟练掌握素描静物写生的要点与画法

## 第一节　概述

### 一、素描的概念

从绘画的表现形式来说，素描就是一种单色画。它是指用铅笔、木炭、炭笔、钢笔、毛笔等单纯的工具和单一的色彩来塑造物体形象的一种艺术形式。

素描就其功能和目的的不同，可以分为以下几个阶段：

#### 1. 初级阶段的习作性素描

习作性素描指的是为培养造型能力，达到基本训练目的而进行的习作写生。

#### 2. 中级阶段的创作性素描

创作性素描指的是创造艺术形象的素描。它包括研究探索素描专业形式的描绘表现方法，也包括研究探索形象的创造。

#### 3. 高级阶段的素材收集和草图制作

深入生活中进行素材的收集是为创作做准备，收集素材后需要进行加工较多的草图制作，如慢写、速写等。

当然，素描又不等同于创作。虽然创作中属于绘画语言方面的问题都与素描的训练方法和目的有关，但这种关系是内在的。只有当一个画家成熟时，这两者才能完全地糅合在一起。素描水平的提高必须经过长期的循序渐进的磨炼才能达到，因此，素描训练的相对独立性是不可忽视的。

素描在平面上塑造形象、表现空间的基本要素是点、线、面。对点、线、面的独立和综合运用会产生不同的表现效果，线条擅长于形体的概括和情感的表达，块面则更优于对立体空间真实感的表现。人们通常认为，素描就是长期的全调子素描。其实这种理解是不够全面的，应该说，这只是素描的一种比较常用的形式，但并非是唯一的。

## 二、素描的基本表现形式

素描是一种绘画形式，它可以用不同的方法去描绘与表现物体的特征，其基本表现形式有三种：

### 1. 明暗素描

明暗素描以明暗调子为主要造型手段，表现塑造物体的立体感、质感和空间感。明暗素描十分注重感性认识，即所谓的“艺术感染力”。

明暗是光作用的结果，通常都把物体设计为受到一种主光源的照射，在这个前提下产生明暗的基本规律——“三大面、五大调子”。

（1）通过表现光影层次的变化来达到对形体的表现，其基本原理是：

1）物体的亮度首先取决于物体的固有色度。

2）依照距光源的远近以及和光线角度的大小，来表现物体的亮度。距光源近以及和光源夹角大的面受光强，在画面上的表现为亮，相反则暗。

（2）明暗的透视性表现为：

1）距视点近的地方，明暗对比强。

2）距视点远的地方，明暗对比弱。

该规律是处理形象空间关系的重要原则。

明暗素描是按照光线照射在物体上的明暗调子，用深浅不同的色块来描绘物体的一种表现方式。它画出来的形象体积感强，善于表现浑厚的体积，朦胧的景象以及微妙细小的起伏变化。但用明暗素描描绘的同一明度的形体结构往往模糊一片，难以给人具体清晰的印象。

### 2. 结构素描

结构素描又可称为设计素描。它以线条为主要造型手段，以形体结构分析为中心，着重表现物体的结构、体积和透视感。结构素描十分注重理性分析。

结构素描的特点主要表现在“思维”和“造型”两个方面：

（1）采用设计加形象（或艺术）的思维。它较一般的绘画性素描更为复杂，更加丰富多彩。

（2）造型具有多样化的特色。这不仅包括如实地描绘对象，还包括创造性地构造对象和表现对象。

结构画法在对对象的表现过程中，其观察、分析的思路和明暗画法是一致的，仅仅是表现手段不同。明暗画法通过色调、层次及对比来表现对象。而结构画法以线的对比辅以适当的明暗来表现对象的结构、块面之间的联系，以及连接、转折与穿插关系；或者把对象当成一个透明的玻璃制品，凭着理解和想象来描绘对象。

结构素描是避开物体外界因素（如光线、明暗等）的影响，以表现物体结构、体积等特征为主的一种表现方式，也是认识形态、理解形态、表现形态的手段之一。它描绘出来的形象清晰明确，但不擅长表现朦胧的景象、浑厚的体积感以及物形上微妙细小的起伏变化。

我们可以将结构素描看作是素描艺术中的一种独立形式，也可以将结构素描看作是素描基础练习过程中有助于理解形象的一种学习手段。

### 3. 线面结合的素描

线面结合的素描是将以上两种画法结合起来塑造对象的素描。它是感性和理性相结合的表现方式。

线面结合的素描表现力强，能描绘出自然界任何复杂、微妙、细小的景物。故除特殊原因与需要外，用这种线面结合的画法来进行素描练习效果甚佳。

从严格意义上说，任何具象造型的素描作品，除单纯的线描作品（如白描）之外，都是各因素综合性的表现，只是对各造型因素的侧重有所不同而已，无法严格区分这是以结构的表现为主，还是以明暗的表现为主。因为无论以哪种造型因素为侧重，均离不开对各种造型因素作轻重缓急的安排，离不开其他造型因素的配合与协调。

## 三、学习素描的重要意义

为什么要学习素描，这是每一个初学者必须首先明确的问题。

意大利文艺复兴盛期杰出的雕刻家、画家米开朗琪罗说："素描，它是构成油画、雕刻、建筑以及其他种类绘画的源泉和本质，并且也是一切科学的根子。"他还深刻地指出："素描的力量是伟大的，非常伟大的。"

法国大画家安格尔则说："素描是可以使艺术作品取得真正的美和正确的形式的唯一基础。大量光辉的巨制和不朽的杰作就是由此产生的。"他甚至宣称："如果要我在自己门上挂一块匾额，我将在上面写上'素描学派'四个字。因为我坚信，一位画家是靠什么来造就的。"

素描是一切造型艺术的基础，是培养画家掌握正确的观察与认识方法，具备较为坚实的造型能力的最基本手段，是造型艺术中研究客观世界一切物体形象造型本质的学科。

这是一个没有任何争议的事实。它的无可争议性，不但表现在素描所具有的科学性，包括了视觉心理学、解剖学、透视学等学科的知识成果，而且还表现在素描教学的系统性，同时又具有相当强的概括性与包容性。从造型上说，素描的概括性与表现性是其他任何造型形式都无法比拟的。由于素描的提炼性与单纯性，使素描作为美术教学的入门课程而受到高度的重视。

素描是每一个学画者的必修课程，它不仅可以提高我们对事物的观察能力，而且还能锻炼我们的意志与毅力。在素描课的学习中所培养的能力、素质与形成的品质，将直接促进其他艺术课程的学习。我们要从艺术的角度去学习素描，要从科学的角度去研究素

描。当然，学习素描是为了培养造型艺术的能力，而不是机械制图式的描绘。这就要求我们不但要认识和理解客观形象，还要善于对其进行艺术处理。

素描是通过形体比例、结构关系、透视规律、线条运用、明暗调子以及运动感、空间感和构图处理等造型因素来体现的。它使用的工具材料简单，色彩单一，便于初学者通过严格的素描训练，掌握造型艺术的基本规律，研究和把握造型艺术诸因素，训练和培养正确的观察方法、思维方法和表现方法，提高审美情操，打下牢固的造型基础。因而学习任何一种造型艺术，无论是绘画、雕塑、建筑，还是园林美术，都要学习素描。

素描的学习过程，是一个长期、反复、逐步提高的过程，需要付出艰辛的劳动才能取得收获。因此只有明确素描的重要性，有了充分的思想准备，才能有毅力克服学习中遇到的各种困难。

## 四、学习素描的方法

素描基础训练必须严格遵循其科学规律，即由简单到复杂、由初级到高级、由浅入深、循序渐进地进行，切忌好高骛远。

### 1. 素描基础训练必须始终坚持两个原则

（1）“整体”的原则。整体是一种对全局的把握和设计。

素描教学是一个完整的训练体系，它要求眼、脑、手同时得到锻炼，认识和技能同时得到提高。因此，我们要学会从整体上去观察和分析每一个对象，整体地去描绘与表现，千万不要孤立地看待任何一个部分。这也是掌握形体塑造技巧的前提，同时又是提高审美认识与表现能力的基础。

（2）“立体”的原则。要立体地去观察一切物体，并努力把它的高度、宽度和深度表现出来。

### 2. 提高造型能力的途径是多方面的

（1）长期的素描写生。素描基础训练的主要方法是进行大量的写生练习。写生对培养写实能力、深入准确地描绘能力是有效的，应作为造型能力训练的重要手段予以重视。为了避免走弯路，在写生练习中还要学习必要的理论知识，以便能够运用正确的观察方法、表现手段来认识和表现对象。

（2）速写。速写可以培养敏锐的观察能力、迅速准确的表现能力和艺术的概括能力。我们“要以速写为助手和老师”（达·芬奇语），从一开始就养成画速写的习惯。速写以它的灵活性、短期性、随意性（随便用哪一种笔和纸）等特点，可以使我们随时随地进行写生练习。

（3）默写。默写可以培养对形象的理解和记忆能力。

（4）摹写。经常性地临摹和欣赏优秀作品，可以从中吸取和借鉴有益的东西，提高自己的认识能力、欣赏水平和表现技巧，并能及时地运用到作画写生的实践中去。

（5）构图。构图练习可以帮助我们更合理地安排画面。

所有这些，对创作能力的提高和技能的全面锻炼都是非常有益的。

在素描学习过程中，我们还要把长期作业和短期作业结合起来，把课堂练习和课外练习结合起来，把写生和速写、默写、摹写、构图练习结合起来。只有这样穿插进行，合理安排，才能使造型能力得到全面的锻炼和提高。

## 第二节　素描基础知识

### 一、写生姿势

写生姿势的正确与否，不仅关系到素描作品的质量，还会影响素描技法的发挥，故选择正确的写生姿势是相当重要的。

素描写生握笔方法和写字握笔姿势是不同的。初学者往往习惯于用写字的握笔姿势来作素描写生，这是不好的。因为这种握笔姿势会局限于腕部的运动，只能用来画较小的画面或刻画细部，从而限制了画笔活动的范围，不利于把握大画面的全貌。

正确的握笔方法和写生姿势是：

**1. 用拇、食、中、无名四指捏住铅笔**

这种横握笔的方法有诸多好处。它可以根据需要变化笔与画面之间的角度，既可以将笔直着用，也可以将笔横着画，这样就产生了粗细不同的笔道。它可以轻松灵活地发挥手腕的作用，并最大限度地调动指、腕、肘、肩的活动范围，还可以悬起腕来自由地伸开长臂画很长的线，此时眼睛与画面保持了一定的距离，这样有助于在大画面上有把握地画出各种线条，有利于素描各种技法的表现，也便于检查画面的整体效果。画背景，有时可以边涂边转动笔杆，这样既容易涂得浓，又能够保持笔尖的锋利，随时可以竖起笔来作精细的刻画。此外，还可以用小拇指架起来作画，这样不会蹭脏画面。

横握笔作画是铅笔画的一个重要技法。因为要画成片的灰色调，就必须将铅笔线一根根并排起来组成色块。有的人把铅笔削得尖尖的，像使用钢笔一样，只能竖画，不能横涂，这就削弱了铅笔的表现力。

**2. 身体与画面保持一臂间隔**

无论是站着写生还是坐着写生，写生者的视线都应与画纸的中心高度相同，并保持垂直。这样做的目的是为了照顾画面，使整幅画都始终在正常的视角范围内。否则，眼睛看到画面的远近差别过大就必然产生变形，原来认为理想的造型当退远看时将会面目全非。注意千万不要趴在画板上作画，这样会影响对画面大效果的把握。如果画幅较大应站着画，并要经常后退到远处检查画面。

### 3. 写生者与写生对象距离要适宜

初学者在开始写生时喜欢靠近对象，希望看得清楚些，其实靠得太近会产生透视的错觉，不易掌握对象的整体特征，以至于妨碍对象整体关系的表现。当然，也不要离得太远，太远了则会看不清楚。写生者与写生对象之间的最佳距离，通常是对象高度（或宽度）的三倍到五倍。

### 4. 写生者、画板和写生对象要成三角形

选择视域应在60° 的视角范围内。这样写生时，写生者头可以随着视线的转移而左右摆动。画板的摆放不能过于向着光，也不能背着光，柔和的光线最为适宜。

此外，初学者宜把写生对象放在略低于眼睛的位置上，便于看到物体顶上的平面，较容易画出物体的立体感。

再者，初学者最好用灯光照射写生对象，这样光线较集中，且不会随日光变化而变化。灯光一般宜放置于物体的侧上方。画自然光作业时最好让光线从北投射，因为北面的光线变化较少，容易观察与描绘。

## 二、画面构图

画面构图是绘画作品形式一个最基本的问题。

构图，即研究如何把一些造型对象组合在一起，形成一个有意义、有趣味的画面（包括组合的因素、组合的形式、组合的方法以及组合的手段等）。

在选择角度之前，先要通过观察、研究，获得对造型对象总的感受和印象，并产生出作画的激情和对画面效果的设想。接着，再根据画面表现的需要去选择角度。为了从造型能力上得到全面的锻炼，也为了防止在素描写生中总是采取一种角度作画，写生者要避免养成不动脑子，坐下就画的坏习惯，以防时间久了，遇到其他角度的对象出现不适应的情况。

选择好角度后，首先需要考虑画面主客体大小和位置如何安排的问题。因为画面构图安排得恰当与否，将直接影响到造型对象的表现和主题思想的表达以及作品的完整性。

画面构图，即画面的结构，就是物体在画面上的位置安排。实际上它又是素描作品的总体设计图，它的任务就是要将表现的各个物体加以巧妙组合与安排，给人以构图饱满，主体突出，均衡而又开阔的感受，和完整舒适又和谐统一的美感。

画面构图的基本原则是：

### 1. 主体突出鲜明

每幅画都有一个主要物体（主体）。 整副作品要以主体为重点，需要首先确定它的位置和大小。主体一定要放在画面的中心位置，当然并不等于画面的正中心。接着，再安排次要物体使其与主体相呼应，力求使画面均衡统一，主体突出鲜明。

### 2. 构图比例合理

造型对象比例过大，会造成画面闷塞，缺乏“透气”感。而造型对象比例过小，又会使画面空旷，表现效果单调。因此，在保证画面丰富、变化充实的同时，还要注意预留“透气”空间，使造型对象集中鲜明地呈现于画面。

### 3. 上下左右空间安排均衡

在造型中，均衡是一种视觉反映。构图中的均衡主要表现为各种形的并列、重叠、穿插等多种对比表现之后的整体形态不能太偏，均应给人视觉心理上的平衡与稳定感。

考虑画面的构图安排要从全局出发，算好上下左右的空间位置。切忌依赖于局部的堆砌，画到哪里算哪里，如此必然使形象在画面上忽大忽小、忽上忽下，最后只能靠剪贴来补救。切记：确定画幅四周的空间位置要从主体开始，用长直线安排其位置、大小。

### 4. 布局追求变化统一

在美术基础教育阶段，画面构图多运用简单的几何形（如线、面、三角形、平行四边形、正方体、锥体、柱体等）。构图的要求就是使画面的效果看起来概括简练、舒适美观，且充分周全；做到有对比又要有调和，有节奏又要有比例，有变化又要有统一。为了达到以上要求，绘画者需要调整画面布局，通过“聚”与“散”、“主”与“次”、“对称”与“均衡”的对比，形成前后左右疏密有致，高低错落，互相呼应的布局。

## 三、形体结构

形，即物体的形状。形具有方向性、透视性。

体，即物体的体积，就是物体在空间所占的位置。体不仅具有方向性，而且还具有量感。

形和体是相依相存、不可分割的。形依附于体，体必定具有形。

形体，即形象的某种表现方式。形体一般指具体物象的真实三维状态（三度空间）。形体在具象造型中具有明确的空间指向性。

结构，即物体的构造，就是构成物体的基本骨架、骨干，是最基本的造型单位。它体现了物体的真实形状的根本因素，是对构成复杂形体的简单形体的总称。

任何物体都有自己的外形与内部构造。素描创作时，假如仅仅从固定位置观察对象，仅仅注意它的表面现象和外形变化，而不去理解其内部结构，这样画出的物体一般无体积感，只有躯壳而缺乏物体本质。因此，素描开始阶段要以理解造型对象形体结构为主，尤其要学会冷静地分析物体的内部结构。

在通常情况下，内在的结构关系是不会改变的。环境以及光线的变化只能引起造型对象明暗色调的改变，但决不会影响其本身的结构。可见，只有熟悉、理解了对象的形体和结构关系才能准确地塑造形象。换言之，只要抓住了形体结构也就抓住了造型的要领。

### 1. 形体结构是物体占有空间的方式

（1）形体结构首先是一个比例关系的问题。描绘对象时，应首先确定造型对象自身

的比例及其与画纸之间的比例关系，进而确定造型对象局部与整体之间的比例关系。在实际素描过程中，这种关系往往会变得复杂，其难度在于形体的比例关系必须考虑透视结构的因素。

（2）复杂的物体可用简单的几何形体来观察与概括。它可以使透视的变化容易掌握一些。几乎所有物体的内部结构都可以理解为简单形体的组合。这样做可以帮助素描者更快速地掌握物体透视变化的规律。

在素描中，还可以用横剖面、纵剖面等不同的剖面结构，来分析形体的比例、空间、透视之间的统一。

### 2. 物体的内部结构决定着物体的外部形体

物体的内部结构与物体的外部形体两者是紧密相关的，内部结构本质地决定着外部形体，外部形体总会反映出一定的内部结构。

（1）物体的内部结构是一种三度空间的关系。素描教学的方法与步骤，体现了立体造型的认识过程与造型手段。通过反复的写生练习，就是为了学会如何在二度平面上去塑造三度空间中的形体，真实地再现客观生活中的立体对象。

一幅好的素描作品往往会表现出无数的空间度，体现出非常丰富的空间层次。在绘画中，常用“近景、中景、远景”这三个层次来作概括。初学者由于缺乏对物体的体积由面构成的原理的理解，往往不能在把握对象宽度、高度的同时又准确地画出它的深度，把立体感觉表现出来。

（2）画结构素描的目的在于超越物体的表象而达到对物体内在结构的理解。素描中，一般的比例关系较容易掌握，有时只要用单纯的线条勾勒就可以，但要表现出物体内部结构的纵深感就难多了。

结构素描的画法，对认识和理解物体形体结构非常有益，另外辅以线条的穿插和大块明暗的结构练习，有利于更快地掌握素描的基本关系。在分析、理解形体结构的基础上，以多变的线条为主加以塑造，略衬黑、白、灰大的明暗，作为造型的一种手段，这有助于素描水平的提高。当然，画时注意不要用过多的线条去扰乱视觉。

由于结构不受外界环境与光线的影响，因此作为素描的造型构成基础就应该是结构而不是明暗调子。在画明暗素描的写生练习前，适当安排一些结构素描的画法，即将物体某些看不到的遮挡的部分，通过理性的科学的推理方法将它表现出来，以辅助与纠正直接看到的外部形体，从而深入地理解结构，加强对物体的分析、理解与塑造，这对以后的素描写生练习是极为有益的。

从结构着眼是正确地把握形象、恰当地表现明暗调子的重要一环，也是发展素描者理解能力与记忆能力的有效依据。

结构素描正是在特定的观察方式中，以特定的对待自然的态度，特定的思维方式影响着写生者。结构素描的观察方法与思维方式，使结构的重要意义得到凸显。自然的形式是由内部性质决定外部发展的，这就是结构的作用。

## 四、形体比例

通常意义上的形体比例关系，是指形体各部分之间、形体局部与整体之间所构成的可被量化的比较关系。

而素描中所涉及的形体比例关系还包括了形的方向性、形和形的联系。形体比例关系的错误，必将导致素描画面结构关系的错误，从而使形失去应有的表现力。

### 1. 任何物体都存在着一定的比例关系

初学者往往认为比例只是对形体长短的一种量化。在素描造型中，比例不但是指单个形体的高度、宽度之比，而且还包括形体自身特有的规律形态与整个构图中各个形体之间的比例。

（1）一切物体都具有三度空间，即高度、宽度和深度。它们之间存在着一定的比例关系，如面积的大小、边线的长短等。

生活中我们之所以会见到各种各样的不同形象特征的形体，其中在很大程度上取决于我们能有意无意地以某个长度为标准（尺度），去衡量形体各部分（三度）之间所构成的比例。事实上，比例还包括色彩的对比度，结构、明暗、透视的对比度，即结构和明暗、结构和透视、明暗和透视的对比度，重点部分和次要部分的对比度等。

（2）形体比例的准确是素描最基本的要求。形体结构与形体比例的准确是统一的。结构的准确包含着比例的准确，比例的准确又促成结构的准确。

画面各个造型因素之间有适当的比例关系，才能表现出适当的主题。也只有正确地掌握了形体的比例关系，才能准确地表现出形体的造型结构和特征。文艺复兴时期德国最重要的画家、理论家丢勒说过：“没有比例，即使是以最大的勤勉制作出来的，形体也绝不是完美的。”由此可见比例的重要。初学者从学画的第一天起，从作画写生的第一刻起，即与比例打交道，却常常在比例上出偏差，这和人眼的错觉不无关系。比如，用肉眼观察事物时，暖色、浅亮色有扩张感，而冷色、深暗色有收缩感。

### 2. 确定比例必须考虑视线与视点

确定比例要从对象的高、宽入手，定出对象的高度与宽度。然后，从整体出发确定大的比例关系，再确定局部的细小的比例关系，如大小、高低、粗细等。要做到比例关系的准确就必须整体观察、整体比较、整体表现。

所谓整体，即不局限于造型对象某一个局部的变化，而是一种对全局的把握、对全局的设计。绘画上“整体感”三个字的含义，不等同于与局部相对而言的整体，其内涵更广，它指的是作品和谐统一的艺术效果，同时包含着写生者的审美观。

（1）整体观察。学习绘画的开始阶段，掌握整体的观察方法是非常重要的。

整体观察的要点是：从大形入手，看大形，抓大比例，找大的特征，找大的几何

形。而确保整体的关键是：步骤的设计要有针对性，每一步骤的目的要非常明确。在观察对象时，不是把一个个物体看作独立的表现对象，而是将整个画面作为表现的整体对象进行设计。特别应该注意对大形的感觉与训练，把原本首先对各个物体、各个单独结构进行的观察转为对各个物体、各个单独结构之间关系的观察。

素描是眼、脑、手综合运用的过程。素描基础训练的学习过程，就是树立整体的观察方法的过程。人们习惯于局部观察的模式，即总喜欢盯住一点或略顾全局后立即转入局部，其目的是为了看清楚所画的部分。从某种意义上讲，让初学者掌握观察的方法，比训练手上的熟练技能来得更加重要。

（2）整体比较。整体比较是指在关注整体关系的前提下，研究局部之间的关系。

整体比较的目的是在比较中发现可能遇到的问题或难点，找出对象外表之下的本质关系，设计表现的步骤与表现的手法。

比较是获得正确认识的基础。正确地运用比较，全面地进行比较，比较再比较，这是唯一的法宝。比较的内容有高度与宽度比，高度与深度比，近处与中间处比，以及近处与远处比。比较的方法和原则是：

1）由大到小。先从形体大的比例（三度）关系去比较，再逐步深入到局部的细小比例关系。

2）由近及远。在确定不同空间距离的比例关系时，先确定近处物体的大小、长短及位置，再以它为标尺，去测定远处物体的比例大小。在绘画中，认识形体比例的主要方法包括目测和实测：

3）目测。目测法主要依靠视觉的直接感受，采用比较、联系和判断的形式，观察和认识形体比例的构成关系。

目测法是认识形体比例的重要方法之一，是培养初学者“绘画感觉”的基础，因而极有必要加强这方面的练习。

4）实测。在目测的同时，还可适当地配以辅助的测量手段——实测。

实测的具体方法是：眯起一只眼睛，手臂伸直面向造型对象，铅笔保持竖直状态。此时，使铅笔的最高点和对象的最高点一致，用大拇指掐住最低点，中间段就是测量对象的相对高度。另外，还可以利用铅笔作垂直线和水平线与物体相比较，观察物体线条的倾斜度。

这种辅助方式的测量，只供初学者在矫正视觉错误，或者在某个部分难以确定时才偶尔使用。素描者要侧重对形体感觉的训练，凭自己的观察来把握对象大的比例关系，中间可再用铅笔测量检查一下自己的感觉是否正确。

（3）整体表现。作画写生时，观察对象不仅仅是为了认识，更重要的是为了表现。

绘画不同于摄影，它是要概括、提炼出对象有意义的局部，艺术地表现对象。因而，协调局部和局部之间的关系，对重点部分和次要部分作出合理的安排，就是对整体关系的把握、设计。一幅画，有对形的整体表现，也有对明暗等的整体表现。整体表现是要求作画写生作品具有同步性和生动性。

1）同步性：指在作画写生过程中始终保持每一步骤的明暗关系、主次关系、轻重关系，同设计好的整体关系一致。

2）生动性：指把画面造型因素的各个方面安排得富有鲜明的节奏感与层次感。

在整个素描过程中，要在整体的关系中去观察、认识和表现对象。要抓住客观对象的形体，就必然要了解客观对象的整体和局部、局部和局部之间的相互关系以及彼此间的比例，并要确立以下观念：

①凡是呈现在眼前的物体都是立体的，并占有一定的空间。

②凡是所表现的物体都具有大小、高低、宽窄、深浅等比例。

## 五、形体透视

“艺术和科学的巨人”（恩格斯语）达・芬奇说：“透视正是绘画的一个基本要素。”“透视学乃是引向理论的向导和门径，少了它，在绘画上将一事无成。”

透视是研究物体在视觉空间中存在状态的方法。我们把在自然界中看到的物体形象呈近大远小的现象，称之为透视现象。表现物体的真实状态，首先要观察物体的透视状态，正确地理解简单物体的透视原理、透视规律，只有这样才能正确地表现物体的形与物体的空间关系。

对物体结构的理解除了走到近处和从各个不同的角度去观察以外，最关键的还是对形体透视规律的认识。所谓形体透视的规律，就是在二维平面上表现形体立体感和空间感时所运用的基本规律。人们在观察物体时，会产生与实际不相符的判断性的视误差，尤其是由观察点位置不同而对物体产生的错觉现象（我们称之为透视变形，如正方形从侧面看时就成了梯形）。所以，不论画石膏几何体、石膏像还是人物头像，甚至是风景、静物、花卉，很大一部分错误都是由于透视关系的错误引起的。透视关系的错误直接影响到对形体结构关系的表现。只有当我们掌握了透视规律，才能充分地理解物体的内部结构，“看”到我们所看不到的东西，增强对形体结构的塑造与表现能力。

绘画透视学就是阐述物体透视变化规律，研究透视表现方法的一门学科。

### 1. 透视规律

透视规律主要包括两条：

（1）近大远小的缩形规律。即当看较近的物体时，由于视角较大，就感到物体比较大；而当再看远处的同等物体时，由于视角较小，就觉得它比较小。

（2）角度的变形规律。表现物体立体关系的另一手段，就是变形。这里所说的变形绝不是主观臆造的，而是建立在光线直线传播这一客观规律之上的。也就是说，只要我们按照实际的视觉感受（变形现象）来描绘，就可以在画面上表现出物体的空间深度和真实感。

在理解透视成像及透视规律的基础上，再来认识和把握形体结构在空间中的透视变化就容易得多。特别是在表现形体结构的深度和背面（视觉看不到的部分）时，透视可以准确反映出它们的关系，帮助素描者完整地表达出形体结构的真实面貌。与此同时，透视规律又可成为深化视觉感受的一种手段。在表现形体结构方面，只要在感觉上大致符合透视规律就可以了。

### 2. 透视方法

（1）平行透视。当正方体的一个面与画面平行时产生的透视现象，就构成平行透视。平行透视的特点是只有一个消失点（也叫做灭点），且这个消失点与视点重合，故又称为“一点透视”。

（2）成角透视。当正方体上下两个面与地面平行，其他面与画面成一定角度时产生的透视现象，称为成角透视（也叫做余角透视）。成角透视的特点是必有两个消失点，且分别消失在同一条地平线（视平线）上，故又称为“两点透视”。

由于写生时的画纸宽度有限，素描者往往无法把两个消失点均标在纸上，有时甚至连一个点都画不上，这时就只能够根据正方体边线的长短、面的宽窄、角的大小，反复比较，掌握比例，进行一些估计了。为此，画时需注意：

1）两个消失点之间的距离应大于画幅宽度的一倍。

2）如果一个消失点靠近主点（也称心点，即视点正对视平线上的一点），另一个消失点则必然离主点更远。

3）物体上的竖线要画成垂直的。

4）物体上的横线要分别向两个消失点集中。

（3）倾斜透视。当正方体与画面、地面都成倾斜角度时产生的透视现象，称为倾斜透视（它相当于仰视或俯瞰的情景）。倾斜透视的特点是有三个消失点，在画面上由于视角关系均成倾斜向上或向下相交于一点（消失点），故又称为“三点透视”。

（4）圆面透视。圆面平置时其形近于椭圆。这个椭圆的前半径长于后半径，它的前半圆弧度大于后半圆弧度。圆面弧度的变化，也呈近大远小、近宽远窄的变化。

圆面透视的具体表现是：

1）视平线之下，圆面呈现面积的大小由距离视平线的远近而定。离视平线远，看到的面积大，平置的圆面看起来要圆一些；离视平线近，则看到的面积小，其平置的圆面看起来要扁一些，而且越近越扁。

2）圆面刚好处于视平线时，则呈一条直线，且与视平线重合。

3）当圆面斜对素描者时，可将它理解成正方体的成角透视进行切割。因为任何复杂的形体都可以借助于正方体来理解它的体积和所占据空间的状态，所以在理解一切圆面和圆柱体的透视规律时，都应和正方体的透视规律联系起来。

圆面透视的基本画法是：

先定出圆面的左右、上下的宽度，再画出圆面的水平线、中垂线。定水平线时，要注意前半圆与后半圆的大小关系。然后进行切割。

圆柱两端的圆，还得区别它们整个面积的大小。一切圆柱体均可以从正方体的透视规律中找出圆心与直径，这样，圆面和圆柱体的透视变化规律就比较容易掌握。

## 六、线条运用

线条是素描造型的一种基本手段。

法国雕刻家罗丹曾这样说：“优秀的线条是永恒的”。无论是东方绘画还是西方绘画都曾用线条作为造型的基本手段。线是绘画表现中最活跃的因素，也是最富有表现力的手段。自然界中本没有所谓的线条，现实生活里也确实不存在线条，我们所解释为线条的东西是指凭人们的想象力在不同色彩或不同调子的结合处抽象出来的可分割空间的结合线。

抽象艺术的创始者、俄国画家和美学理论家康定斯基在他的重要著作《点、线、面——抽象艺术的基础》中指出：“任何空间结构同时也是线的结构。”因为线在画面中会确定形体在空间的位置，同时会表现形体的起伏关系，所以线的轻重、快慢、粗细的对比都具有美感与意义。线不但可以表现二维空间，也能够通过穿插变化，暗示与表现形体的三维状态。

在绘画中，线为面的透视缩小或面的相交。在平面的范围里，线仅是点的运动轨迹，反过来说，点的移动就是线。人类的视觉特性既然具有点的性质，那么也就自然会沿着线而移动。同时由于视觉惯性的作用，又使线带有延续性的特征。因而，线在造型中不但能表现物体的外轮廓，还能表现物体内部的组织关系与结构关系；线不但是面的透视结果（转折与压缩），而且还具有独立的表现意义与价值。

素描在表现和塑造形体时往往都是用线和用线构成的面来表现的，所以线条的掌握和运用在素描中显得极为重要。初学者在学习素描写生前有必要进行专项的线条练习，练习中要注意握笔的方式和手、腕、肘的运动对线条产生的影响。无论画何种线条都要能控制住线条的轻重、行笔的速度与空间布局的疏密，落笔时要做到平稳、顺手与自然，这样才能产生轻松、生动的线条感觉。

在素描的基础练习中，首先用得较多的是轻松、流畅的长直线，这种长直线在画面构图、表现塑造物体大形时都用得到；其次用得较多的是轻松生动、能反映各种色调变化、层次极强的排线，这类排线在表现明暗微妙、复杂的变化时用得极多。

### 1. 用不同的线条表现不同物体的形状与动作

线条的种类大致可分为横线、竖线、斜线、曲线等。这些线就其给人们的感觉来说，又可分为浓淡、软硬、疏密、锐钝等。

每一种线条的运用都包含着它所表现事物的特性。线条要根据所画物体的形象特征和绘画者的意图灵活运用，不可能有一个一成不变的固定用线方法。线条的粗细浓淡、曲

直刚柔，要根据造型对象形体的组织结构与形象的神态感觉而定，不能脱离对象的外在形象，仅凭主观或手的运动节奏随意挥洒。

要掌握线条的运用，懂得明暗规律，并借助线条所具有的力量和多种适应性，将明暗变化与对线的理解结合起来，从而真实生动地表现出物体的立体感。

### 2. 线条运用中的两个问题

（1）在描绘物体内部结构时常会遇到似线似面的情况。这是由面转为线，或由线转为面的视觉现象。通常素描写生时，用线的粗细与虚实变化，或用复线，或用调子的排列来进行处理。

（2）画面上所画的曲线一般用于表现对象面上的凹凸与曲折变化，或用于表现不在同一直线上的外形。因而，这种曲线带有表现复杂形体各个不同方向的面的任务。描绘一根曲线，可用多根不同方向与长度的直线来组成曲线的形态。直线越多越短，描绘就越精细，就越接近曲线；直线越少越长，描绘就越概括、越简练。素描时要以较少的直线把握住曲线大的形态，使线条具有概括力。

### 3. 排线

排线的方法有多种，具体运用时要注意以下几点：

（1）排线要顺手，要方向一致。依照手的习惯去掌握排线的方向，以画起来方便、舒畅为原则。排线时务必要方向一致，一笔一笔地画，使之疏密适当。

（2）排线要均匀，要轻起轻收。排线的目的不是编织图案，而是要画出成片的灰色调。排线时不能将线排得纵横交错、杂乱无章。

排线时的用笔应注意：

1）不能先重后轻。用笔要轻起轻收，使线条两头轻，中间重。

2）不能前后连笔。排线时千万不可连笔。

3）不能方格重叠。方格重叠也称井字形重叠。用线的交叉，以菱字形交叉为佳。

（3）排线要丰富，要适当考虑物体的块面结构。排线的用笔应有变化，但又要不花、不乱、不脏。画暗部时要变换排线的方向，一层一层地加深，要掌握线条和线条的重叠和交织，切不可乱涂。线条的轻重变化可以产生相当丰富的层次感，因此要注意发挥线条的粗细、长短、松紧、快慢、疏密、轻重等变化所产生的不同效果，同时排线方向要适当考虑物体的块面结构。线的表现，不但要能刻画形体，表达情感，而且要具有一定的形式美感，且富有节奏感，要发挥铅笔技法之美。

（4）有时可用手擦抹。当铅笔的色素浮在纸面不能形成一片色调时，或当线条与线条之间过于稀疏而不能形成一块灰色块时，可用擦抹的方式“涂”一下。擦抹前要保持手的清洁，以免弄脏画面。除了用手指，其他如软纸、棉花、棉布、擦笔等均可以使用。

## 七、明暗调子

物体遇到光就会有明暗的现象。明，指物体的受光部分；暗，指物体的背光部分。

明暗现象的产生是光线作用于物体的结果。物体总是由许多大小不同的面组成，在光的照射下，由于不同的面与光源的距离不同，且与光线所成的角度不同，加上物体周围环境反射光线的强度不同，使物体产生了十分复杂的明与暗的变化，我们将其称为明暗调子。要把物体画得有立体感，除了要保证轮廓正确和合乎透视原理以外，主要依靠明暗来表现。明暗是素描造型的另一种基本手段。明暗素描适于立体地表现光线照射下物体的形体结构、物体不同的质感和色感以及物体的空间距离感等，能够使画面形象具有更强的空间感和真实感。

### 1. 明暗调子的基本规律

（1）直射光最亮。

（2）偏射光越偏越灰。

（3）反射光因反射面光线强度的不同而不同，但一般不会超过受光部。

（4）在同样角度的光线照射下，距离光源近的亮，远的则较灰。

同一个物体，虽然由不同角度的光线照射会出现不同的明暗变化，但光线不会改变对象的结构。物体的结构是固定的，是相对不变的，而光线是可变的。随着光线的变动，物体的视觉形象往往会发生变化。

### 2. 黑、白、灰三大面

物体在一般情况下都可以看到三个面，这三个面的方向和光线强度由于所构成的角度不同，形成了三块明显不同的明暗。这就是构成物体最基本、最概括的“三大面”——黑、白、灰的基本关系（见图1—1）。

（1）黑、白、灰三大面是表现物体体积感的基础。事实上，任何一个物体的体积都是由多个因透视而变形的面所构成的。素描基础训练中，一方面要遵循客观事实表现物体，另一方面又要避免由于过多的分面而造成画面琐碎、缺乏主次等弊病。因此，可通过概括手法分出几个大的面来把握造型对象的体面效果。

（2）不同块面因其离光源的远近不同，环境对其影响的不同，分别形成了相当复杂微妙的明暗变化。画时要冷静分析，可将复杂的黑白层次逐一排队，并将深的与浅的分别归类，分析出黑、白、灰这三个层次，黑的适当加重，白的适当提亮，让位于中间灰色调，因为中间灰色调的层次面最为丰富。

一幅素描要尽可能明确黑、白、灰的关系，否则画面就会产生黑气、太灰、太花、太脏等毛病。

### 3. 明暗五大调子

由上述可知，一切物体之所以具有立体感与空间感，都是由于光的作用。物体由于各部分受光不同，通常呈现出的明暗变化如下：

（1）高光。即辉点，光源直射在球体上的反射光。此点最亮，它包括由次亮到最亮，即垂直受光的亮面。

**图1—1　构成物体最基本、最概括的“黑、白、灰三大面”　庆予**

（2）中间光。受光部中，除高光以外，到明暗交界线的一大片不同浓淡层次的灰色调子的统称。它包括由最亮到次亮，即倾斜的受光面。

（3）明暗交界线。它由受光部转到背光部的一条狭长而层次较多的小面组成，也包括与光线平行受不到反射光作用的明暗交界线的一些面。这是物体的最暗部分。

（4）反光。即承受环境反射光部分。它的作用是使暗面变得稍亮，同时它还包括受到反射光作用的背光倾斜面。

（5）投影光。被物体遮挡后，投在其他物体上的影子。

这种亮面（明部）、次亮面（半明部，即灰面）、明暗交界线、反光、投影，就是素描中所讲的“五大调子”（见图1—2）。其中，亮面和次亮面属于物体的受光部分，明暗交界线和反光、投影属于物体的背光部分，它们构成物体的明暗两大系统。无论物体形状起伏有多么复杂，也不会改变明暗五大调子的排列次序。当然，在某种情况下如平光、逆光及多种光源等，这五个层次的区分就会消失。

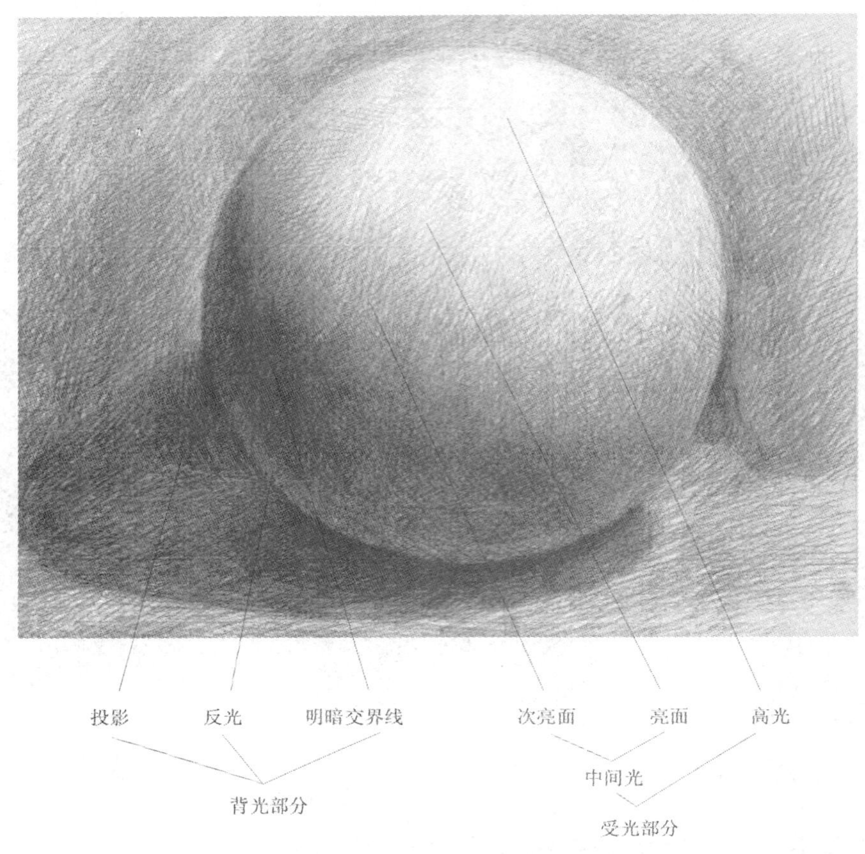


**图1—2　素描中所讲的“五大调子”　庆予**

明暗五大调子各层次之间的界限其实并不明显，每种当中还有许多细微的变化。实际上，我们可以看到明暗十调子、二十调子，甚至五十调子。但掌握好明暗“五大调子”是一个关键，是一切变化的根基。掌握“五大调子”可以帮助绘画者在素描写生中迅速捕捉到大的体积关系与明暗关系，这也是画好素描的前提。

在明暗素描的写生中，明暗交界线是一个极为重要的色调。它是区分受光部和背光部两大系统的分界线，是最能表现形体大面转折的部分。现代杰出的画家、美术教育家徐悲鸿先生的许多素描作品，都是先集中精力把明暗交界部分画出来，接着在暗面简单涂些黑色调，画面上的物体就立刻“立体”了起来。

物体面的转折有急有缓，故明暗交界线就有轻重虚实的明暗变化。不能将明暗交界线理解成一条线（这一地带明暗两大面的衔接处较窄，故也有称其为明暗交界处的），明暗交界线是极为复杂多变的一个面。

用明暗调子表现空间关系也有一定的规律性。空间关系，在素描写生中也称空间感。物体在不同的空间距离内会形成不同的明暗变化：

其一，物体距离素描者越近，明暗对比越强；

其二，同样原理，光源越弱或离物体越远，明暗对比越弱。

在明暗素描写生中，还有以下情况需要注意：

1）受光越强，物体的明暗对比也越强，其中间层次也越难区别。

2）凡物体上受光照直射且离眼睛最近的部分，一般就是全幅画中最亮的部分。

3）通常情况下，反光总是比中间色要暗。中间色再深也属于受光部分，反光再亮仍属于背光部分。

4）物体的边线、投影的轮廓线等应有虚实变化，不同的角度、距离以及不同的质感均会对虚实产生影响。写生时，务必抓住这些变化，切忌将它们画得一样清楚或一样模糊。

5）物体的阴影有浓有淡，与物体相交界处一般最深，界沿、边线也最清楚。即投影离物体越近越深，界沿、边线也越清楚；渐远渐淡，界沿、边线也渐模糊。

6）物体的阴影必须符合透视原理与透视变化规律，应当按照近大远小、近浓远淡的道理来表现其变化。另外，当投影落在凹凸起伏的物体上时，阴影也就随凹凸起伏的形状而变化。

7）表面平滑的物体高光、反光强，表面粗糙的物体高光、反光弱或根本看不到。

在素描静物写生中，静物除受光强弱而引起的明暗变化以外，还存在着色彩明度上的差别，加上色彩的色相、纯度的影响，给素描写生者在观察、分析物体对象的明暗关系上增加了一定的难度。更多地观察，更细致地分析比较，并把光对物体的作用放在首位，把固有色的差别放在第二位，这样才能正确把握对象。

## 第三节　素描石膏几何体画法

### 一、素描基础训练为什么要从石膏几何体开始

石膏写生可以说是素描的基础，石膏几何模型写生更是基础的基础。

世间万物形态各异，但将其归纳起来分析，它们的形体不外乎正方体、角锥体、圆锥体、六面体、圆柱体、球体等几种基本几何体，或是由这几种基本几何体组合而成的形体。可以说，所有物体的表面都能概括为若干几何平面。

#### 1. 几何体是一切形体的基本构成单元

几何体是人们日常生活中所见到的最单纯、最概括、最具有代表性的基本形体。它在造型中可以概括反映所有物体的基本结构特征与造型规律。

被称为“现代绘画之父”的法国后印象派的杰出代表人物塞尚指出：“自然中的每件东西都与球体、圆锥体、圆柱体极相似。画家必须学会描绘这些简单的形象。”他再三指出这一形体规律，并劝告画家“要用圆柱体、球体、圆锥体来处理自然”。因此，学习

绘画必须以学习描绘几何体为基础。

（1）通常把石膏几何体作为基础素描的主要表现对象。通过对石膏几何体的研究，便于初学者学习、理解、认识、表现物体的体积结构和它们在空间中的透视变化规律，掌握物体明暗调子变化的基本原理，并力求表现出物体的立体感、质感和空间感。

（2）在素描写生过程中，一般都用几何体归纳法来分析、理解所要表现的对象。这种方法能使一些看似复杂、难以对付的形体变得较易掌握。

### 2. 石膏几何体的写生是素描的基础训练

素描基础练习可以按程度的高低进行安排，每次写生只选一个方面作为重点，选取适合的教具、教材，有目的、有步骤地进行练习。如：

（1）正方体、长方柱体石膏几何模型。可作为透视训练的直观教材及透视规律的练习对象。

（2）角锥体、多面球体石膏几何模型。可作为训练明暗层次的初级练习教材。

（3）圆柱体、圆球体石膏几何模型。可作为训练明暗五大调子在物体上分布、排列规律的学习教材。

（4）各种结合体石膏几何模型。可作为研究切线、剖面、投影规律的训练对象。

石膏几何体的写生是素描基础训练的第一步和重要环节，是学习绘画的必经之路，同时也是一个比较艰难的学习阶段。在石膏几何体的写生中，初学者往往会感到枯燥乏味，但只有坚持练习，才能为进一步认识、表现复杂形体打下扎实、良好的基础。因此这一阶段的学习不但可以提高绘画的能力，还可以培养学习者的毅力。

## 二、石膏几何体写生步骤及要点

素描石膏几何体的写生步骤是十分重要的。熟悉并掌握写生的步骤及方法，才可能为表现较为复杂的形体对象打下扎实的基础。

### 1. 观察、分析

素描石膏几何体写生的一个重要目的，就是训练素描者的观察方法，主要表现在以下两个方面：

（1）分析形体的结构特征和比例关系，并掌握其各自的透视缩形变化。

（2）研究形体表面的光影分布情况。分清哪些是受光部，哪些是背光部，哪些是明暗交界线，哪些是高光，哪些是反光，哪些是投影，以及整体明暗调子的特点，即黑、白、灰三者之间的关系等。

只有整体地观察、分析，充分地研究、理解物体的结构、比例、明暗关系，才能做到画前心中有数，确保表现得体。

### 2. 构图、确定基本形

根据构图的需要，定出所表现对象上下左右位置，还要考虑物体的总高、总宽与各

部分的比例，并用轻淡的长直线勾画出对象在画面上的大体造型范围（见图1—3a）；或从主体、从最能反映物体特征的地方入手，逐步画出各个形体的位置、比例，将对象的基本形体和基本结构的特点勾画出来（见图1—3b）。定点定位，应从对象的大关系着手，接着再考虑局部关系。

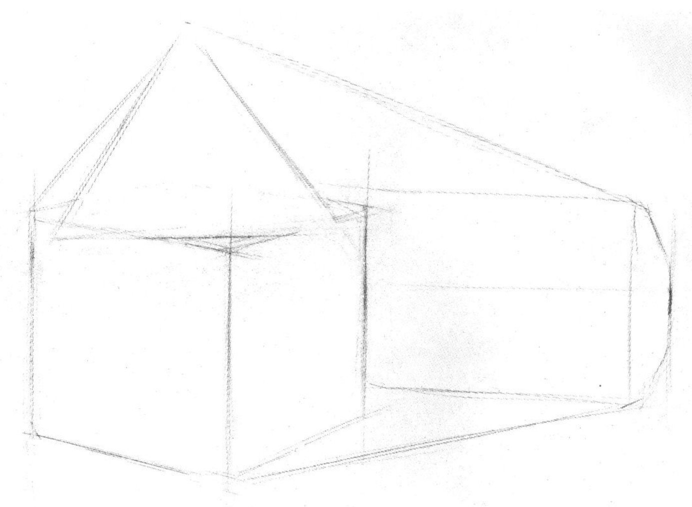

图1—3a 石膏几何体写生步骤一

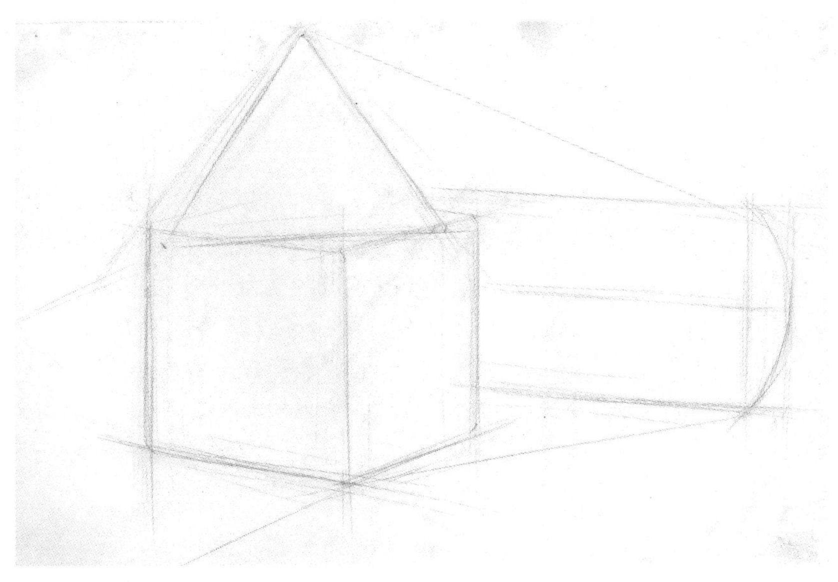

图1—3b 石膏几何体写生步骤二

同时，通过外切线、内切线、边线或线的延长，找出形体之间外在的联系与内部的

关系。这些“关联”，是相当重要的检查形的标准，也是在二维方向上找形的最准确的依据之一（见图1—3c）。具有对称特征的物体，还一定要轻轻画出中心轴线。

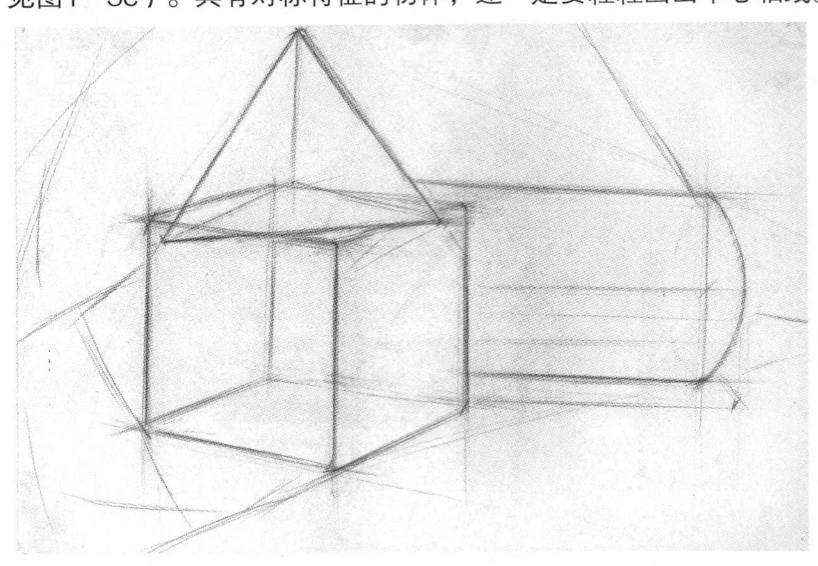

图1—3c　石膏几何体写生步骤三

确定基本形时，需要注意的是：

（1）打轮廓时要多看少画，看准再画，画物体的形状关键在于画准物体的轮廓。所谓打轮廓，即按照构成物体形状的边缘线进行描绘，作为造型的开端。画好一幅画必须先做好起稿、打轮廓的工作，不要在没有把握的情况下随便涂抹。

（2）运用结构原理、透视原理分析、想象几何形体可视面和不可视面的透视关系，以此画出不可视面以及不可视横切面。

（3）基本形确定后，可以涂一点简单的明暗，这样可以对轮廓进行验证。因为单线易造成错觉，涂上些简单的明暗，观察便会准确些，同时又可丰富体积、交代光源。

（4）经过反复比较、调整，将对象进一步确定和具体化，包括明暗交界线和投影的位置等。还要注意打轮廓的时间要短要快，要把主要时间、精力放在下一步。

只有经过严格的训练，从整体上把握了对象的基本特征，才能快速、简便、概括性强地进行构图和定形。为了便于记忆和掌握，现总结为五个“好”字：即选好角度，画好构图，起好轮廓，定好黑白，找好层次。

### 3. 上大体明暗

为了有利于整体地表现对象，在上大体明暗前应先确定黑、白、灰，找到最深与最浅的地方，以决定画面上最暗与最亮的部位。在素描写生过程中，要始终保持这个对比。

在画明暗的过程中，首先必须分出受光和背光的两大面。明暗交界线是受光和背光两大面的分界线，也是最能反映物体体积的地方。为此，画明暗应从明暗交界线入手，

画出物体的暗部、背景、投影和亮面的大体色调。同时，考虑物体与背景的关系以及整个画面黑、白、灰之间大的明暗对比关系，并通过大体明暗色调，进一步检查基本形体是否准确（见图1—3d）。要注意暗部与投影往往作为一个整体来处理，再就是把背景的调子作为总色调来一起考虑。

**图1—3d　石膏几何体写生步骤四**

上大体明暗，应该结合光线与立体体面的照射角度的变化来塑造形象的明暗关系，还要注意对象的光影退晕变化：

（1）靠近明暗交界线，明暗对比鲜明强烈。

（2）距离明暗交界线越远，色调越淡。

（3）靠近石膏亮部的背景和亮面都有同样微妙的色调变化。

这个阶段的目的是画出明暗大的关系、大的对比，主要是亮、暗的对比，灰色层次可少画，强调大的节奏。只有将其有区别地表现出来，所描绘的物体才会有立体感和空间感。此时必须整体地观察，整体地画，但整体地画并不等于就是大片大片地涂明暗，如此必然会使画面空旷，或者无法深入下去。

所谓整体地画并不排斥同时注意，甚至是完成某些细部，只要在画这些细部时是在整体观念指导下进行的就可以。在一幅明暗素描中，黑、白、灰的层次越多，表现就越充分，其效果也就越佳。

**4. 深入刻画**

在区分物体大体明暗的基础上，进一步深入观察和分析对象微妙丰富的明暗变化，从主体开始逐步对各局部的明暗变化、对“三大面和五大调子”进行深入细致的刻画，丰富明暗层次和细部色彩（见图1—3e）。

图1—3e　石膏几何体写生步骤五

（1）重点应该刻画明暗交界线两边（即亮部、暗部）的过渡灰色。对明暗交界线，根据对象形体特征，画出它的形状、上下左右方位上的轻重强弱变化；对灰色调，画出深灰、浅灰的区别；画出石膏几何模型和背景的固有色对比，表现出物体的质感。

进行到此步骤时要注意：每一步深入刻画都应从最重的色块开始，再逐渐向浅色块展开。

（2）所谓“深入”不仅仅是将画面修饰得细微完整，最重要的是要不断地将形体与色调调整得更正确、更充实。在深入刻画的过程中，始终要有一个整体的观念，即从整体到局部，再由局部到整体。但不能机械地理解这一过程，在整体阶段不应遗漏局部，在深入刻画局部时又不能忽略整体，而应把整体与局部辩证地统一起来。不管在哪个阶段，整体与局部均有某种程度上的交叉，其感觉与理性上的关系也与此相仿。

1）应先从大的关系入手，从整体出发去画局部。局部画好后，再用大的关系去复查调整。

2）在深入刻画局部时，不但要照顾大的关系，而且还要对其他部分作比较与对照。随着某个局部的充实，其他的局部便会感到不足，必须随时进行修改、调整与补充（见图1—3f）。

### 5. 统一调整

由于深入刻画过程中注意力集中在局部，对整体关系常常会忽略，因此需要最后作进一步地统一调整。在调整过程中：

（1）一定要从整体效果出发，处理好前后、主次的虚实关系。随时调整暗部的色调，让画面保持亮部和暗部的正确对比。

图1—3f　石膏几何体写生步骤六

（2）画背景时要保持已安排好的主次关系，要对明显地、孤立地跳出画面的局部作淡化处理，以强化主体部分。

（3）最终达到细部服从整体的效果。这样画面才能既丰富又统一，既明确又生动，明暗层次清晰、和谐（见图1—3g）。

图1—3g　石膏几何体写生步骤七　庆予

总而言之，素描基础训练的基本程序必须正确，即从整体出发，先画整体，后画局部，最后再回到整体。具体的方法可以概括为：先大后小；先长后短；先直后曲；先方后圆；先轻后重。

## 三、单个石膏几何体画法

石膏几何体的写生应先从单个几何体开始，逐渐增加、过渡到多个几何体组合的写生。

正方体、圆球体、圆柱体是极其重要的最基本形体，而其他所有形体，均是由这几种基本形体或是由这些形体的局部组合而成的。初学者应通过不断地练习研究，熟练掌握如何在平面上表现出形体的空间感。

### 1. 正方体画法

（1）选择一个同时能看到正方体三个面的角度。这三个面是受光的亮面、背光的暗面和半明半暗灰调子的中间面。正方体写生时，如果选择两个垂直面宽窄基本一样的角度，则较为理想，也较好画。

（2）轻轻地用线画出正方体整体的高度、宽度。把正方体放置于画面的适当位置，大小要适中。

（3）确定每一个面的大小比例。要多做比较，即使画错了也不要马上擦掉。通过反复观察与思考，渐渐使形体明确起来（见图1—4a）。

（4）分析正方体的结构。把正方体画成“透明”的样子，检查它的结构、透视是否正确，并注意每块面的视觉变化（见图1—4b）。

（5）画明暗色调。

1）亮部暂时空着不画，先轻轻地画上暗面、投影的明暗（见图1—4c）。

2）从画明暗交界线入手，画暗部、投影，再过渡到灰部。

3）第二遍仍然从画明暗交界线开始，再画暗部、投影，再画灰部、亮部（见图1—4d）。

4）一遍遍地反复画。每画一遍都加深一个层次。每画一遍，均从最暗的地方画起，其他地方的色调都不能深过它。切忌将暗部一下子画得很黑。画暗部，只能逐渐地加深。只有在最后阶段，最暗的地方色调才能画到位。每画一遍，要尽量保持色调大体关系的正确性。在同一个面上，明暗也常常会出现一些变化。

而且画每一部分色调，都要与其他部分进行比较，如亮部与暗部比较，亮部之间比较，暗部之间比较，物体与投影比较，物体与背景比较等。画每一部分色调，都要注意所画部分是亮部、灰部还是暗部。如果属于亮部，则宁可将其调子画得稍亮一些。要知道把亮画暗些容易，而把暗提亮则就难了。如果属于暗部，则宁可画得略暗一些。一般情况下，暗部反光最亮处也不可能比亮部还亮。

在逐渐深入刻画的过程中，只有进行反复比较，才能顺利地推进色调（见图1—4e）。

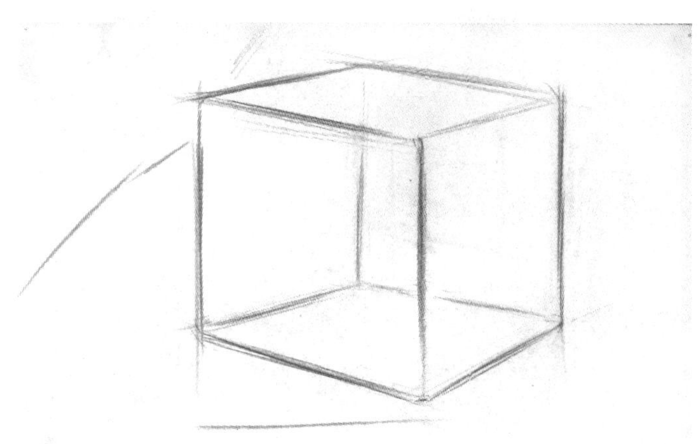

图1—4a　正方体画法一

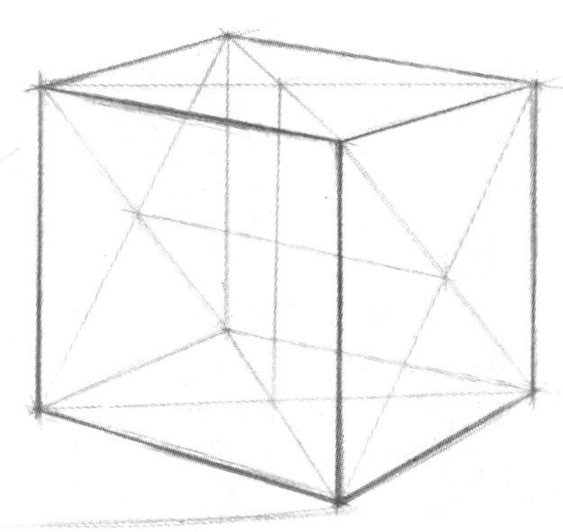

图1—4b　正方体画法二

图1—4c　正方体画法三

图1—4d　正方体画法四

图1—4e　正方体画法五　庆予

## 2. 圆球体画法

（1）画圆球体的轮廓。先画一个正方形，然后等切四角成正八角形，再等切八角成正十六角形，即不断从边长不到三分之一点的位置反复切除边角就可以逐渐趋向圆形（见图1—5a、图1—5b）。此方法仅供初学者参考。

（2）上大体明暗。圆球体是具有体积的，如将外轮廓的圆面画得过于板、实，势必导致画面主体的视觉效果变成圆片。要通过画明暗画出圆球体的立体感（见图1—5c）。

（3）深入刻画明暗调子。由于圆球体没有平面，其明暗变化就常常会出现圆环形状。画明暗色调时，抓住明暗交界线，逐渐向暗部、灰部与亮部推进。任何色调若处理不恰当都会破坏圆球体的形体（见图1—5d）。

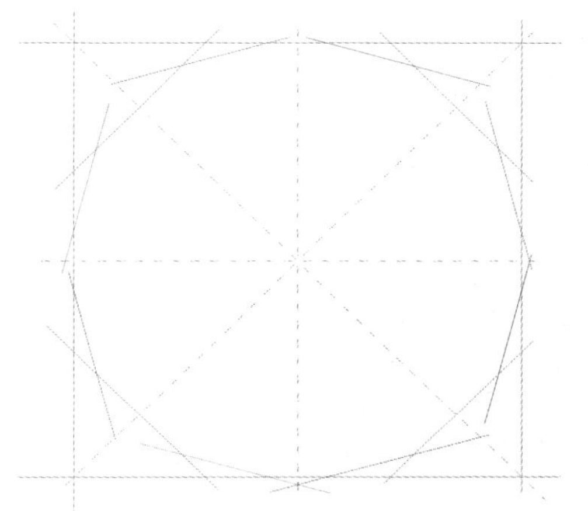

图1—5a　圆球体画法一

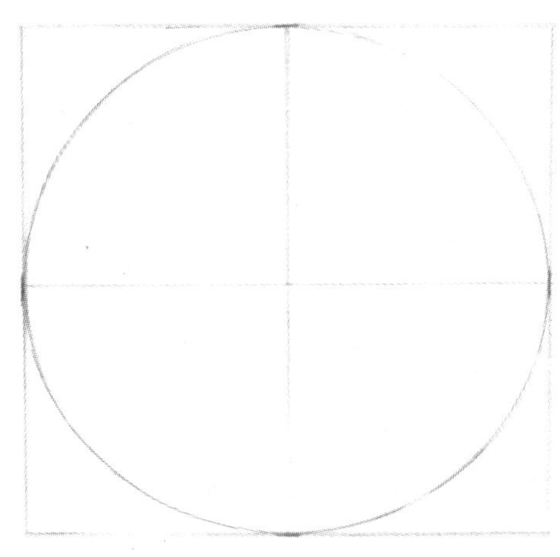

图1—5b　圆球体画法二

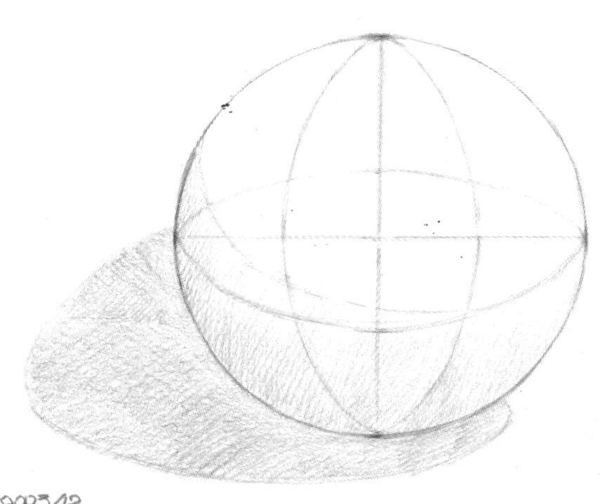


图1—5c　圆球体画法三

1）暗部要画出反光。要注意反光不是在圆球体的最底部，圆球体的最底部由于靠近阴影受不到反光的照射，反而会显得黑一些。反光是在圆球体的明暗交界线和投影之间的部分，是物体暗部受平台或其他物体反射作用形成的。反光在暗中透亮，显得格外突出，

但它的亮度绝不会超过受光部分。

2）画亮部时，要注意确定高光的位置与范围。宁可将高光范围留得略为大一些（见图1—5e），然后将灰色调从明暗交界线向高光处由深至浅一层层地推移。要时刻注意石膏的质感，不要将亮部画得太暗。要表现出圆球体的轮廓及色调微妙渐变的丰富性，应用多层、反复、多方向增加色阶浓度的方法，使画面准确、和谐、统一（见图1—5f）。

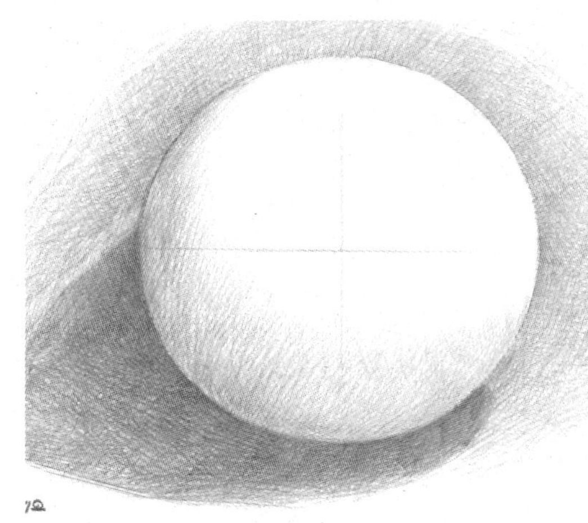

图1—5d　圆球体画法四

图1—5e　圆球体画法五

图1—5f　圆球体画法六　庆予

画圆球体是针对训练初学者对色调微妙丰富变化的感受能力与控制能力而言效果显著的方法。

### 3. 正十二面球体画法

正十二面球体又称正五边形多面球体，常称十二面多面体。正十二面球体的每一个面皆是相等的五边形。故也可将正十二面球体看作是圆球体切削而成的。

正十二面球体写生时，应将其外形与内部结构联系起来考虑：

（1）先找到正十二面球体的外形，然后由外及内找到它们之间的内在联系，以及各块不同方向的面所处的透视状态（见图1—6a）。

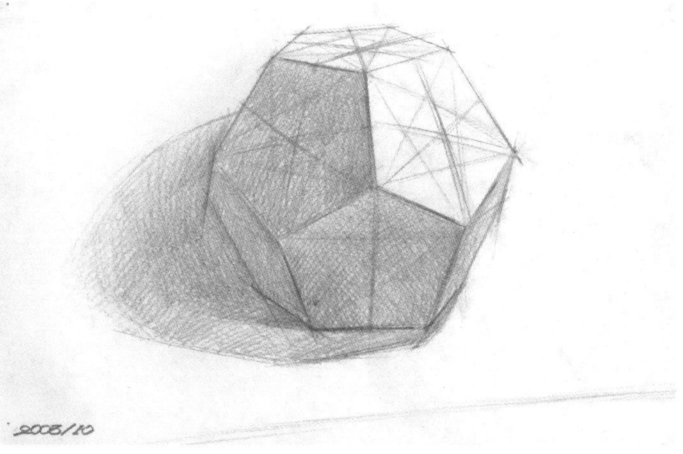

图1—6a　正十二面体画法一

（2）通常情况下，看到的六块面的明暗度是各不相同的，每一块面与其他面的相邻处，也会有些明暗变化（见图1—6b）。

图1—6b　正十二面球体画法二　庆予

### 4. 正二十面球体画法

正二十面球体又称正三边形多面球体，常称二十面多面体。

正二十面球体比正十二面球体更接近圆球体（见图1—7a）。正二十面球体可以使写生者理解到圆球体的表面是由无数个微小的面结合而成的（见图1—7b）。

在画由许多面构成的形体时，务必注意：

（1）切忌一块面一块面地去画、去拼凑。

（2）必须遵循由外到内、内外结合的观察方法和表现程序进行。

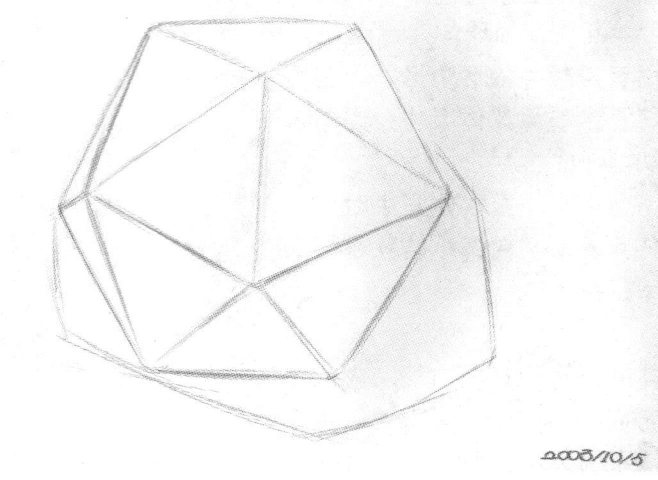

图1—7a 正二十面球体画法一

图1—7b 正二十面球体画法二 庆予

### 5. 圆柱体画法

在素描石膏几何体写生中，圆柱体可以从长方柱体去理解、分析（见图1—8a），也可以把它看成是由无数个面构成的多角柱体。

（1）要注意圆柱体的圆面透视。后半圆的弧度要比前半圆的弧度平一些。圆面两头转折处，不要画成尖的，而要按圆面透视规律，有步骤地画成椭圆形（见图1—8b）。被遮掩的圆面的圆弧与柱身直线相连处的关系是互相垂直的。圆柱体写生时，直线和圆弧应相切，而不该是相交。

特别要提醒的是：圆柱体上下两个圆面的透视变化是有大小区别的。

（2）中轴线的使用。圆柱体是一种有对称结构的形体。凡画此类形体，打轮廓时要轻轻画出中轴线，这样左右两边的位置就容易确定。此外，圆面透视图上的长轴线和柱体的轴线是互相垂直的（见图1—8c）。

（3）画明暗必须首先找出明暗交界线，这样可以分出受光与背光两大部分（见图1—8d）。同时，明暗交界线应与中轴线保持透视形的平行关系，亮部、暗部都依此规律逐渐扩展（见图1—8e），分出几个明暗不同的层次（见图1—8f）。其色调变化可参照圆球体画法。

图1—8a　圆柱体画法一

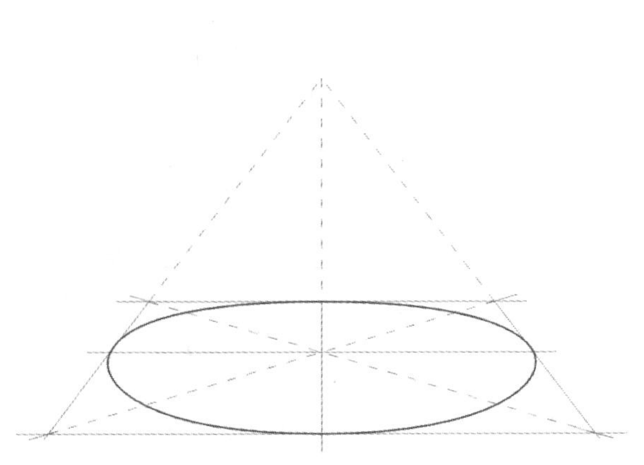

图1—8b　圆柱体画法二　圆面透视的基本画法

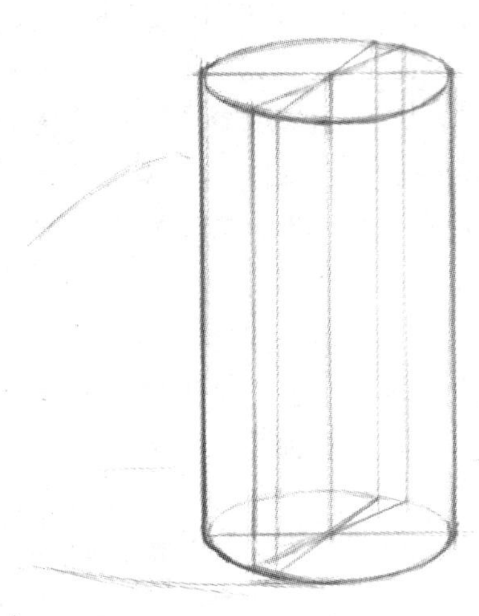

图1—8c　圆柱体画法三

图1—8d　圆柱体画法四

图1—8e　圆柱体画法五

图1—8f　圆柱体画法六　庆予

## 6. 带斜切面的圆柱体画法

此圆柱体的斜切面是一个椭圆，且带有方向性。

（1）带斜切面的圆柱体写生时，在找到椭圆和圆柱体自身的比例后，就要找到椭圆长轴的方向（见图1—9a）。

（2）画带斜切面的圆柱体的明暗时，尤其要注意明暗交界线和椭圆面的突变（见图1—9b）。

图1—9a　斜切面圆柱体画法一

图1—9b　斜切面圆柱体画法二　庆予

### 7. 圆锥体画法

（1）圆锥体的底面是一个正圆。画圆锥体时，不仅要注意左右的对称，还要注意圆锥底部圆面的透视形（椭圆形）画得是否正确（见图1—10a）。

（2）在任何透视变化情况下，圆锥体两边的斜线轮廓线都应是对等的（见图1—10b）。

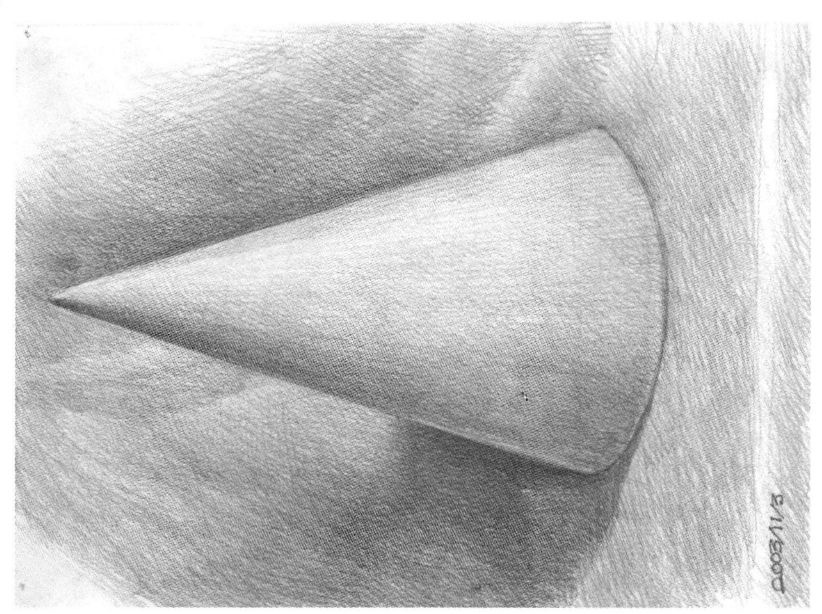


图1—10b　圆锥体画法二　庆子

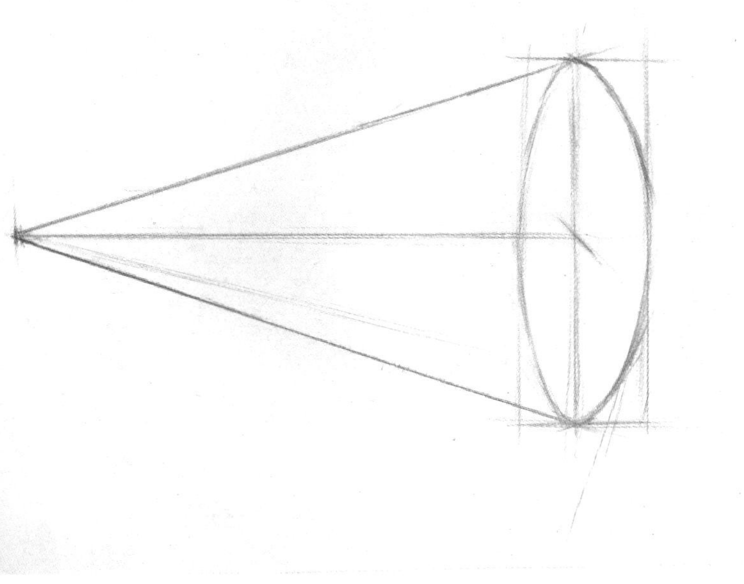


图1—10a　圆锥体画法一

### 8. 方锥体画法

方椎体的底面是一个正方形。在画方椎体的结构时，要注意它的透视变化（见图1—11a）。不论它的透视如何变化，方锥体的结构是相对不变的（见图1—11b）。

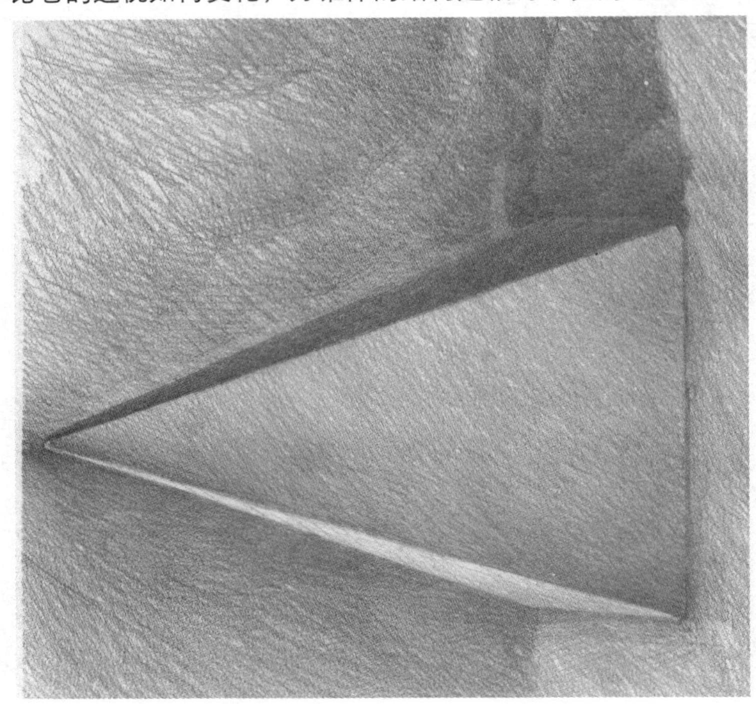

图1—11b　方锥体画法二　庆子

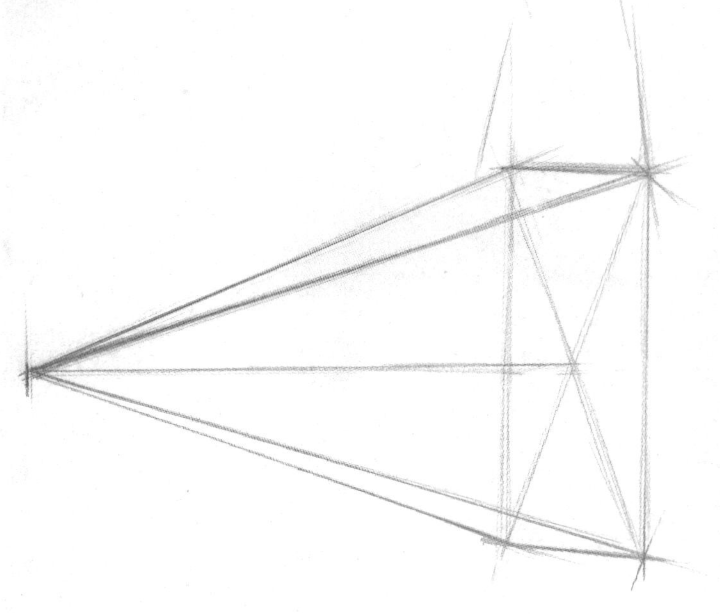

图1—11a　方锥体画法一

### 9. 三角锥体画法

三角锥体写生时要注意画出三角锥体的总高、宽的比例，并确定各顶点的位置。在分析三角椎体的结构时，也可以加上辅助线（见图1—12）。

图1—12　三角锥体画法　庆予

### 10. 六角锥体画法

六角锥体写生时要注意其底面是一个正六边形，三组对边是互相平行的。按照平行线的透视规律，画出六角锥体看不见的底面，并找出它的高和顶点的关系（见图1—13a、图1—13b）。

### 11. 六棱柱体画法

六棱柱体又称六面长方柱体，也叫做正六角柱体。

（1）画出六棱柱体总的高宽比例及顶面高低，分出能看到的三个竖面的宽窄。

（2）分析出六棱柱体的形体结构，注意每一个面的方向与透视变化，特别是顶部六边形的透视变形（见图1—14a）。

（3）画出六棱柱体的明暗变化（见图1—14b）。

（4）画准顶部六边形的变化。可轻轻画上几条辅助线，辅助线能帮助画者更准确地表现对象的结构。要注意：主线要画得重些，辅助线要画得轻些。

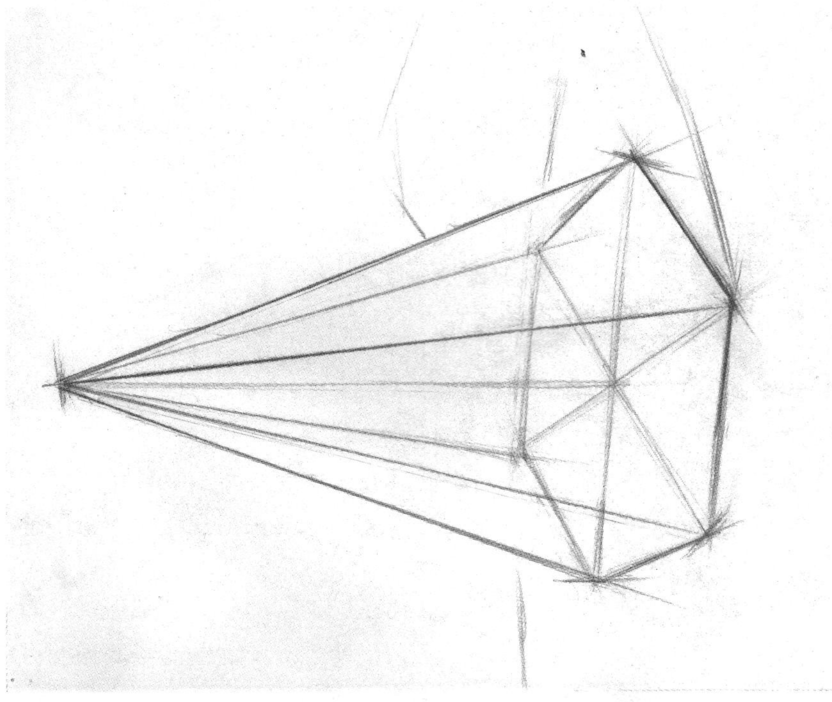

图1—13a　六角锥体画法一

图1—13b　六角锥体画法二　庆子

图1—14b　六棱柱体明暗变化画法　庆子

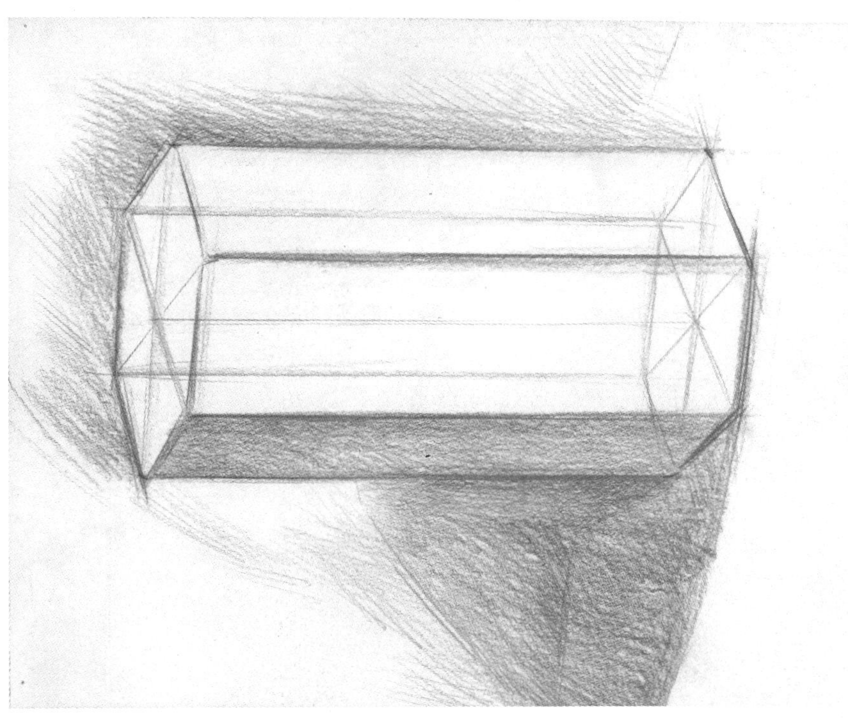

图1—14a　六棱柱体形体结构画法　庆子

### 12. 八棱柱体画法

八棱柱体又称八面长方柱体，也叫做正八角柱体。八棱柱体的画法基本上和六棱柱体相同。无论从哪个角度观察，都要重视每个形体所处的方向与透视变化。

（1）八棱柱体写生时，要注重面的大小及远近变化，要注意顶面透视中辅助线的运用（见图1—15a）。

（2）画八棱柱体的明暗，则要注意暗部两个面的色调是不相同的。

（3）八棱柱体的作画步骤，也是先从暗面画起，逐渐向亮部展开（见图1—15b）。

图1—15b　八棱柱体画法二　庆子

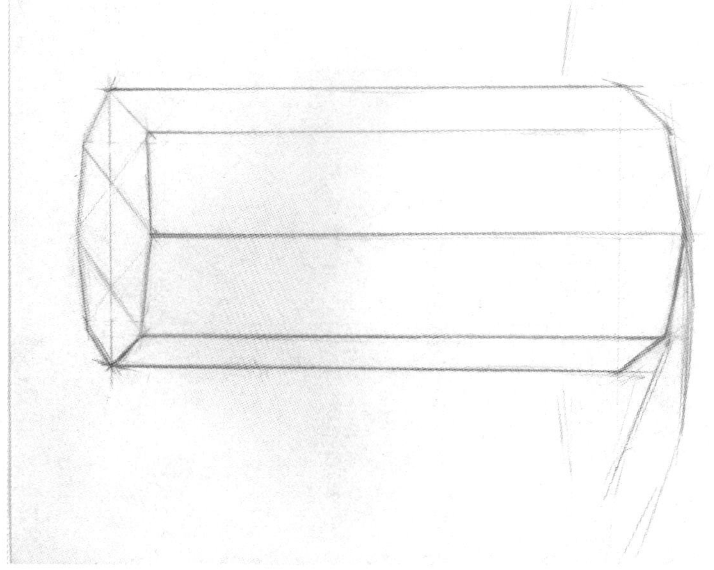

图1—15a　八棱柱体画法一

### 13. 圆锥结合体画法

圆锥结合体是由圆锥体和圆柱体结合而成的（见图1—16c）。画好圆锥结合体是画好一切复杂形体的入门功夫。画此类结合体的石膏几何形体，一定要注意分析：

（1）结合体是由哪几个基本形体组合而成的。

（2）结合体的组合规律（见图1—16a）。

（3）组成结合体的基本形体之间是如何穿插，如何衔接的（见图1—16b）。

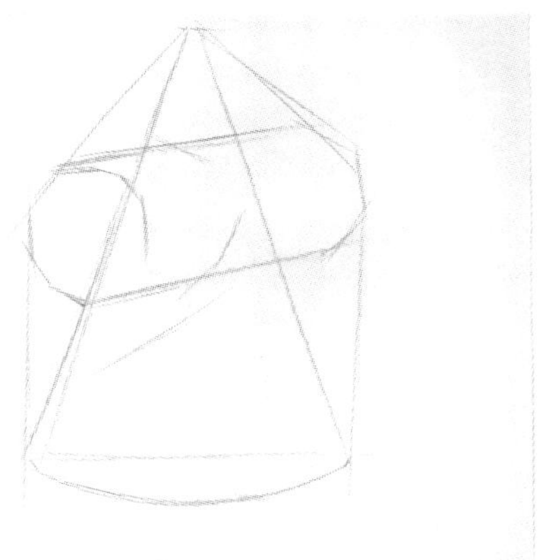

图1—16a　圆锥结合体画法一

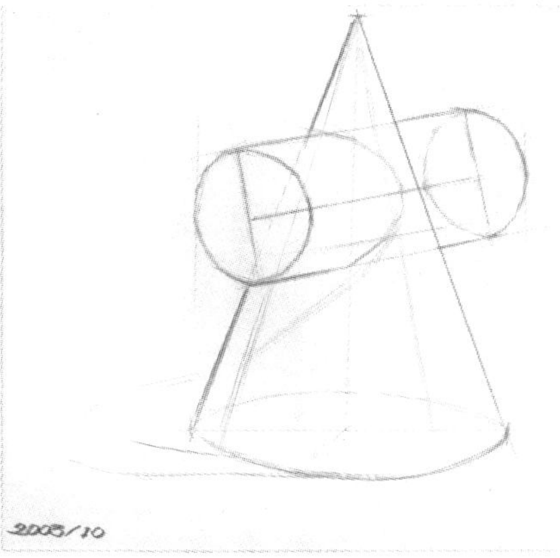

图1—16b　圆锥结合体画法二

图1—16c　圆锥结合体画法三　庆予

### 14. 方锥结合体画法

方锥结合体是由长方柱体与方锥体结合而成的（见图1—17a）。方锥结合体写生时，要注意表现出组合形体各自的特点（见图1—17b）。

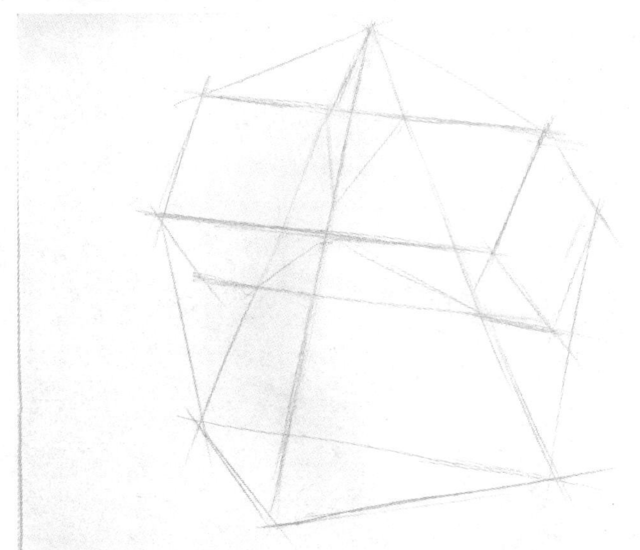

图1—17a　方锥结合体画法一

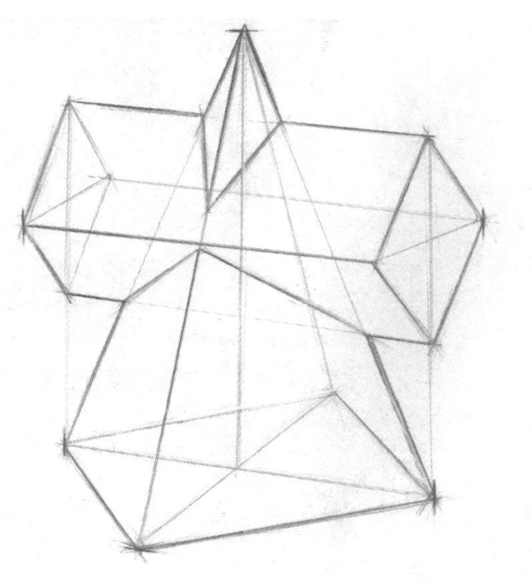

图1—17b　方锥结合体画法二

（1）方锥结合体斜面多，投影多，反光多，明暗变化较复杂，故需认真观察，细心分析，反复比较，才能准确地辨别每一个斜面的明暗度（见图1—17c）。

（2）要时时注意形体面与面之间结合部分的明暗变化（图1—17d）。因为，不同的光线会造成不同的明暗效果。

图1—17c　方锥结合体画法三

图1—17d　方锥结合体画法四　庆予

### 15. 十字结合体画法

十字结合体是由两个长方柱体结合而成的（见图1—18d）。

十字结合体写生时要注意：

（1）分析两个长方体之间的内在联系（见图1—18a）。

（2）画明暗色调时，要把握十字结合体的整体形体结构（见图1—18b），切忌一块面一块面地进行局部拼凑（见图1—18c）。

最后强调一下：同样的石膏几何体，在位置发生变化时，应着重注意观察、理解变化后的透视现象（见图1—19）。

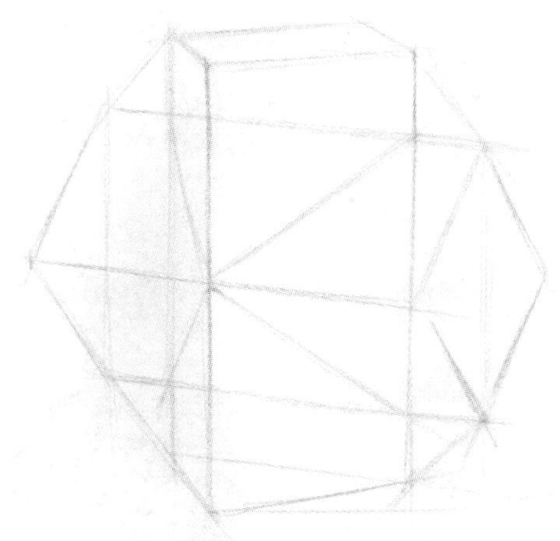


图1—18a　十字结合体画法一

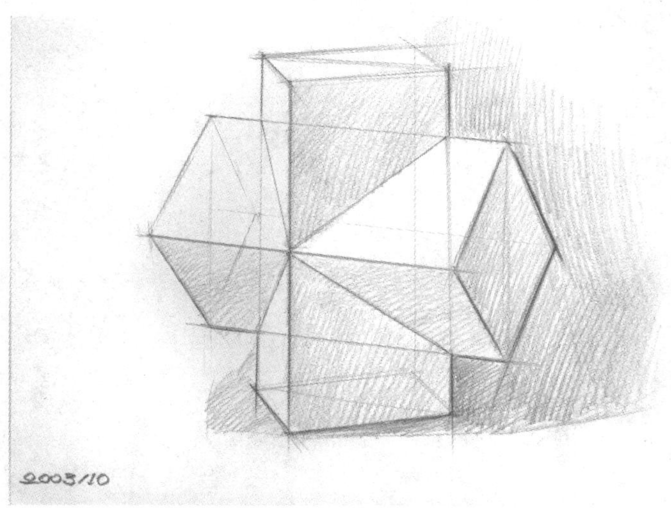


图1—18b　十字结合体画法二

图1—18c　十字结合体画法三

图1—18d　十字结合体画法四　庆予

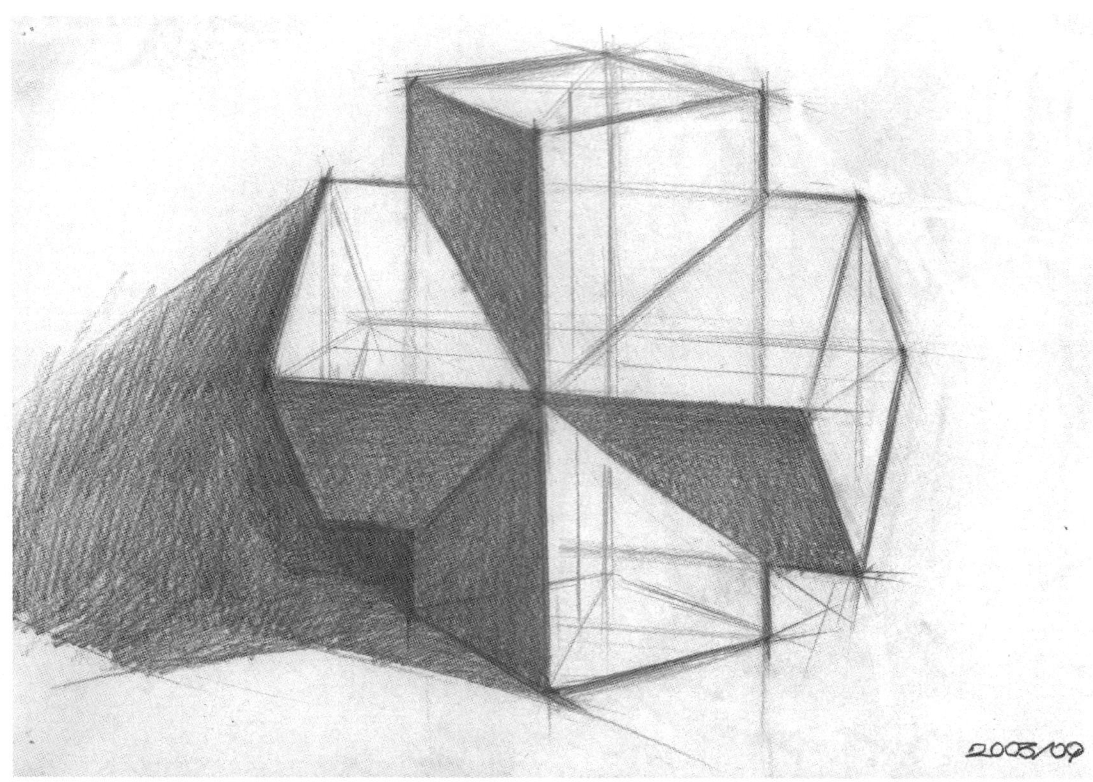


图1—19　十字结合体结构画法　庆予

## 四、组合石膏几何体画法

用几个石膏几何体组合写生，是训练初学者整体观察与整体把握以及整体处理能力最有效的方法之一，也是画好一切形体的基础。

组合于一起的石膏几何体，实际上已形成了一个新的整体（见图1—20、图1—21）。画组合的石膏几何体，不能单个独立造型，而必须整体考虑所有形体各自所处前后、上下、左右的位置关系和比例关系，几个形体同步进行（见图1—22、图1—23）。因为形体之间相互关系的重要性，已远远超过了单个形体的个体特征。

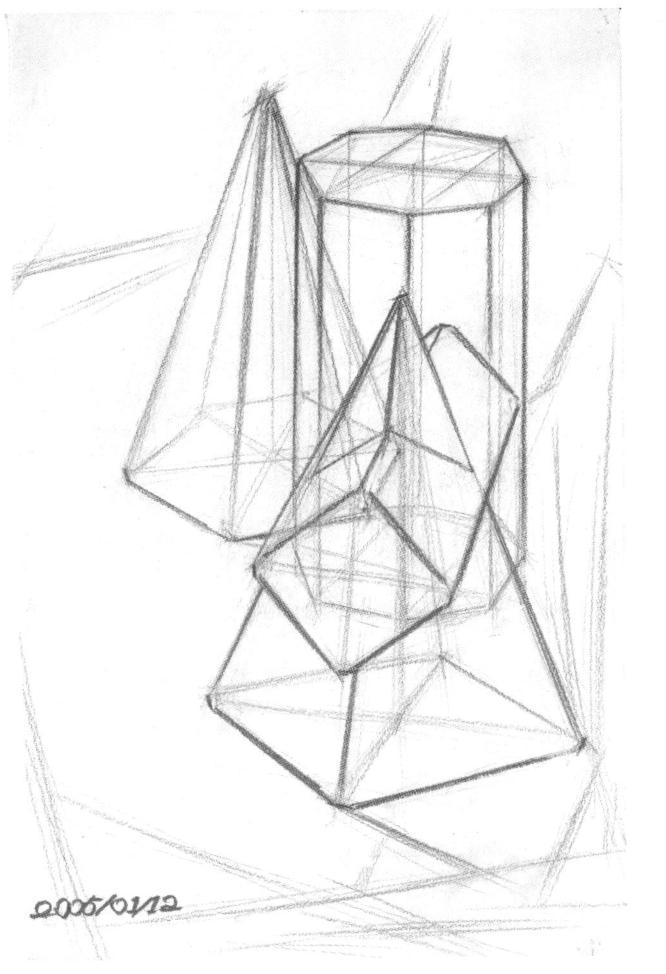

图1—20　方锥结合体、八棱柱体和六角锥体组合的结构画法　庆予

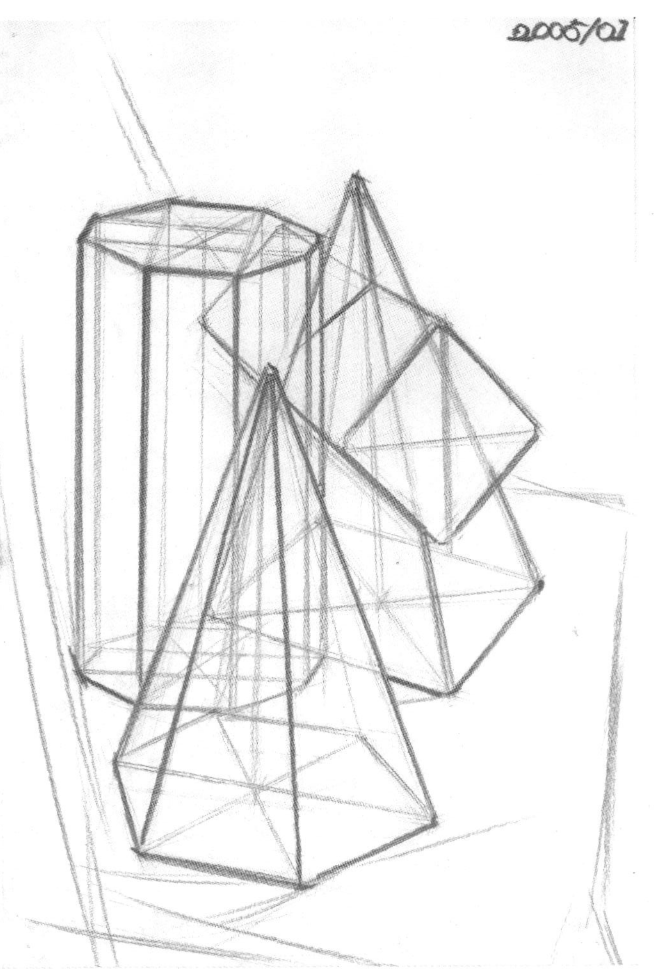

图1—21　六角锥体、八棱柱体和方锥结合体组合的结构画法　庆予

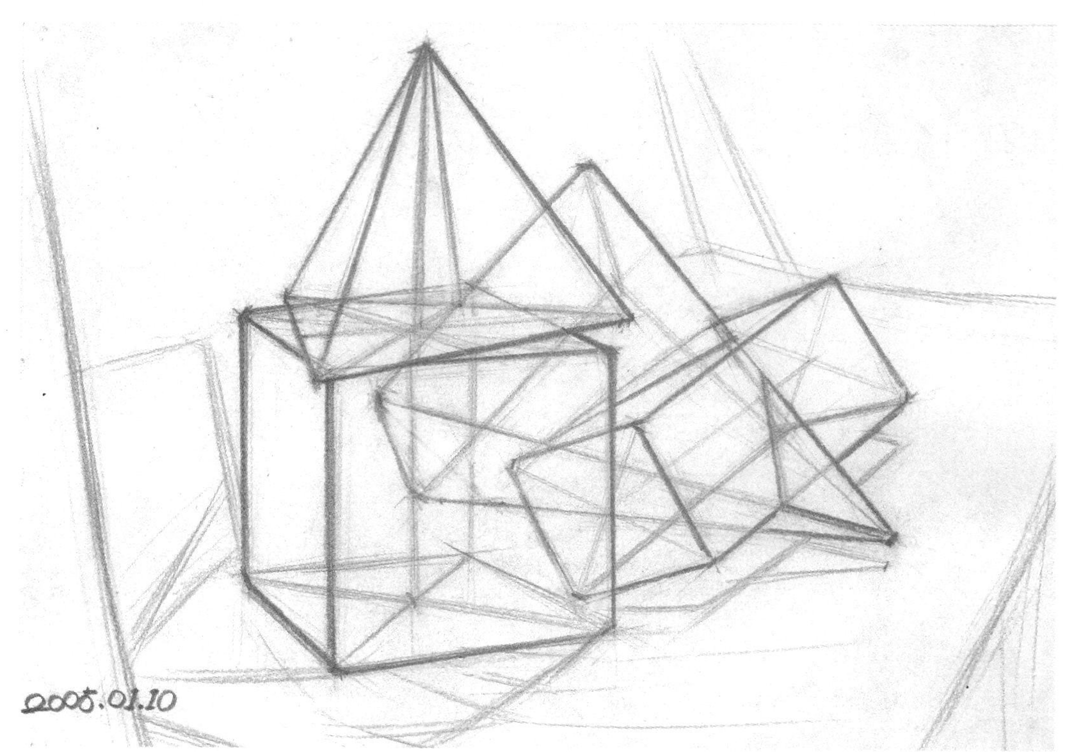


图1—22　三角锥体、正方体和方锥结合体组合的结构画法　庆予

画组合石膏几何体的要点是：

### 1. 要学会观察

写生对象越多越复杂，就越是要学会观察。素描写生时，要轮换使用两种观察方法：

（1）两眼盯视。这种观察方法表现出来的画面效果局部细节清楚明显，但易琐碎。

（2）眯起眼睛朦朦胧胧看。这种观察方法有利于把握大的关系和整体感，但画面效果易空洞。

只有轮换使用这两种方法，反复观察，取长补短，才能使画面达到主次分明、虚实有序，既有整体感又有丰富细节的效果。

素描不但是一种技法的训练，也是一种观察方法与思维方法的训练。因此，素描者不仅要学会观察，还应多思考。

### 2. 正确安排画面构图，可多用辅助线打轮廓

（1）先确定整个画面的整体比例，定点、定位。接着，用线分割出各个几何形的形象。注意：要先用长直线画大轮廓，再用短直线画具体轮廓。

（2）要用轻淡的辅助线，适当地安排好基本形的位置、大小。在画每一个几何形体的轮廓时，始终要注意它与其他几何形体之间的比例关系与空间关系，即高低、大小、

前后之间的关系，画出它们的基本形体与基本结构。画时注意用线的轻重、粗细与虚实。形体在前的线条可画得稍重些，形体在后的线条则可画得轻些。

（3）要以主体为中心，用主体和周围其他形体相比较，诸如比较位置、主次、比例、疏密、虚实等。

（4）打轮廓阶段，可多用辅助线来帮助理解、分析、找寻这些比例关系。辅助线不仅可使形体画得更准确，而且可使画面更为紧凑。

### 3. 透视关系要统一

素描写生的透视原则是一幅素描只能有一个视点和一条视平线。

单眼视物没有距离感，所以打轮廓时仅用单眼看对象就比较容易把握并画准对象的透视形。

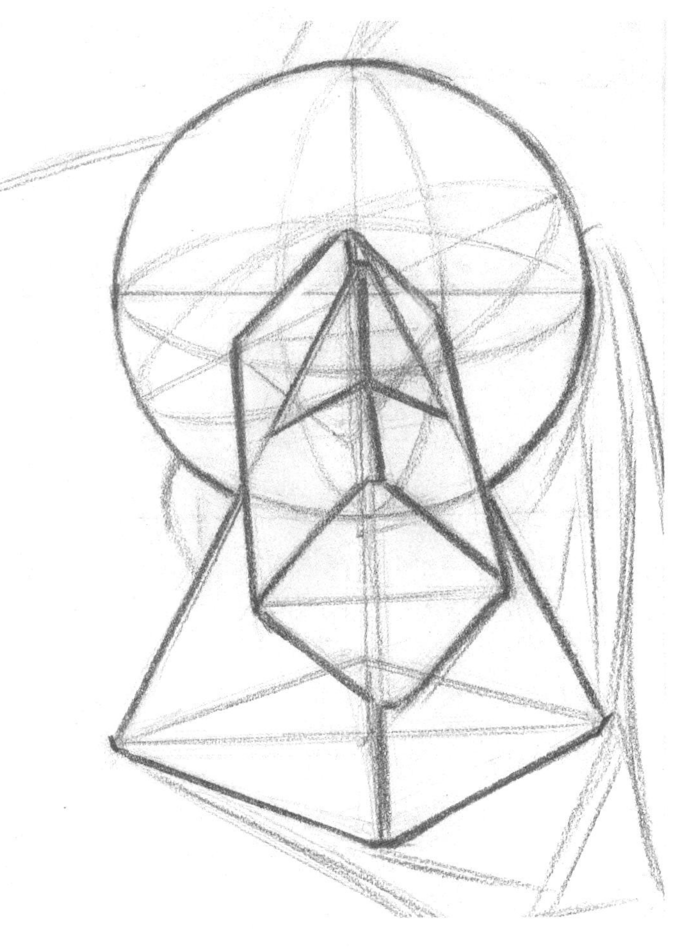

图1—23　方锥结合体和圆球体组合的结构画法　庆予

### 4. 画明暗要切实做到从整体出发

由于黑和白、明和暗均是通过比较才存在的，因此画明暗时必须从整体出发，反复比较，从大到小、由简入繁、逐步深入。

（1）应把基本几何体组合起来作为一个形体来处理（见图1—24a）。

1）画明暗交界线时，所有几何形体的明暗交界线要同时进行。

2）画暗部时，所有几何形体的暗部也要同时进行（见图1—24b）。

3）接着，再逐渐向所有的亮部转移（见图1—24c）。

4）要分清主次、前后与虚实，注意突出重点，甚至可以减弱、放弃某些次要的东西（见图1—24d）。

5）要互相反复比较、全面比较，逐渐同步深入、同步刻画，要防止孤立地看、孤立地画（图1—24e）。

图1—24a　正十二面球体、三角锥体和六棱柱体的组合画法一

图1—24b　正十二面球体、三角锥体和六棱柱体的组合画法二

图1—24c　正十二面球体、三角锥体和六棱柱体的组合画法三

图1—24d　正十二面球体、三角锥体和六棱柱体的组合画法四

图1—24e　正十二面球体、三角锥体和六棱柱体的组合画法五　庆子

（2）应始终把握画面色调大关系的准确，加强整体观念（见图1—25）。

这是画好一切形体的关键所在。特别是形体越复杂越要注意从整体出发，先整体后局部，再回到整体。随着素描教学写生训练课题的深入，这个最基本的程序的重要性将越来越突出。同时，正确的作画步骤还会使素描者在写生过程中从容不迫地面对越来越复杂的形体对象。

图1—25 方锥结合体、方锥体、正方体和圆锥体的组合 庆子

### 5. 要表现出形体之间的空间关系，树立空间观念

除了要画准形体之间的比例关系外，还要表现出它们之间的空间关系。所谓空间关系，即物体在平面的绘画中传达出空间位置上的远近、层次、大小等三维立体的关系。

（1）要加强画面的空间关系。前面形体的明暗对比要比后面的强烈，千万不能平均对待、平均处理。

图1—26　圆锥体、小多面体、正方体、六角锥体和八棱柱体的组合　庆子

在画多个几何体组合时，特别重要的是要调整好前后的空间关系与虚实关系，对重点适当强调，使画面成为一幅完整统一、富有生气和魅力的作品（见图1—26）。

（2）空间关系与整体关系一样，也是素描造型的基本规律之一。经过大形体的把握，多次从整体到局部的不断深化，将结构、明暗、空间关系真实地再现出来。

总之，要逐步学习全方位地观察、理解对象，注重在不同的视觉范围内，形体的特定变化；要理解、掌握绘画造型的各种关键因素与明暗表现规律，加深理解物体的结构关系；要认识到物体结构不随光线，观察角度等的变化而变化，从而较全面地掌握石膏几何形体的素描规律，为过渡到更为复杂的课题打下好的基础。

## 第四节　素描静物画法

静物画，既可以反映画家的绘画技能，又可以反映出画家的生活情趣与审美品位。古往今来，很多世界绘画大师都留下了经典的静物画作品。在我国传统绘画中，也不乏以静物为题材的传世杰作。

对一个初学者来说，素描静物写生的意义，就是在进行写生的过程中获得对各种不同物象特征敏锐的感受能力和较深刻的认识理解能力，获得较高的审美能力，以及准确地抓住形体比例的技能和对各种物体的空间、质感、量感的表现能力。

素描静物的练习是为了培养造型艺术的能力，而不是进行单纯地机械制图式的描绘。这就要求素描者既要掌握明暗造型的一般规律，又要研究不同物体表现手法的特殊规律；不但要认识和理解客观形象，而且还要善于对其进行艺术处理。在具体运用线条时，要根据不同的对象来表现，诸如粗和细、松和紧、轻和重、曲和直等，使表现手法从单一向丰富多变发展，为以后学习色彩打好基础。

静物写生时，写生者应保持主动状态。主动地刻画建立在理解形象本质特征的基础上，其本身就包含有艺术表现、艺术处理和艺术概括的成分。

### 一、静物的选择与组合

素描静物素材一般是在日常生活中经常接触到的一些简易物品，如器具、玩具、蔬果、文体用品、劳动工具等。这些物品常常带有浓厚的生活气息，富有生活情趣与美感。

静物的选择、摆放与组合，本身也是一种艺术创作活动，要力求形式和内容的完美，合“群”合理，以期达到理想的艺术效果，它包含有大小、长短、高低、方圆、黑白、粗细、软硬、疏密的对应关系等。一组静物当中，每一物体都有其形态与“属性”，搭配是否恰当是能否入画的一个重要的因素。

#### 1. 要符合生活常理

静物内容可布置瓜果器皿类、文化用品类、蔬菜盘罐类、茶具瓷器类、鱼虾海鲜类以及花卉盆景类等，但不能将毫无联系的物体放在一起，避免画面没有主题，给人别扭、不舒服的感觉。

### 2. 要考虑各物体大小、方圆等形体特征

器皿不宜过多，大小、方圆等都要有变化。主体与客体大小、位置及比例要相称，造型要多样化。

### 3. 色彩上要单纯稳重，黑白灰要对比鲜明

色彩要亮丽单纯，光线要强烈统一。可采用前方顶侧光，这样易使物体显示立体感与空间层次。逆光较难处理，平光则缺乏变化。

### 4. 要选用不同质地的物品

不同质地的物品互相搭配，丰富写生画面的效果。

### 5. 组合上要主次分明，多样统一

静物的组合要美，要有生活情趣，还要搭配合理。形式上要疏密有致、高低有韵、穿插生动，既要统一又要有对比、变化。色彩上更要亮丽鲜艳、前后关联、左右呼应。

静物的放置也要注意美观，要能充分展现它的特征。静物都有各自的情绪与气质，每一组静物的组合都反映出一种心情。不同的光线产生不同的气氛，每一幅静物作品都有自己的“性格”。在人们看来，不同的静物在外观上也都体现出不同形式的美感、意境及情调，这是在形象思维的艺术领域中不可缺少的精华。

在写生前，不仅要研究造型方面的内容，而且还应注意构思组成静物的主题，赋予静物一定的思想内涵和审美情趣，分析静物中的主要形象和次要形象。只有做到这一点，在素描静物写生时才能保证重点突出，宾主分明，最后达到突出静物主题的目的。

## 二、分析静物的形体结构关系

所谓形体结构，系指形体占有空间的方式。对初学者来说，在进行静物写生之前所遇到的第一个难题就是分析物体的形体结构关系。形体结构可归纳为规则形体与不规则形体两大类。

### 1. 规则形体

规则形体泛指物体的形体结构与基本形体（几何形体）结构完全相同，只在表面颜色、质地等方面存在差异。规则形体又分为单体结构和组合结构。只要认真地抓住形体比例、结构特征以及光线的投射角度等变化规律，分析、认识和表现这类物体的形体结构关系就比较容易。

### 2. 不规则形体

不规则形体，相对来说就要复杂一些。要想充分地理解和掌握它，单凭自己的直觉感受是不全面的，还须对物体进行理性的分析和判断，即做近似规则形体分析和概括。

在静物中几乎所有的形体都可看作是简单的形体组合。在素描静物写生中，还可以

图1—27 杯子、罐子和果子组合的结构画法 庆予

推想出形体不同的剖面结构，如形体的横剖面和形体的纵剖面，来分析其比例、空间、透视关系之间的统一（见图1—27）。无论遇到多么复杂的形体，只要正确地运用这种分析和概括的手法，都能成功地表现出物体形体结构的鲜明特征（见图1—28）。

图1—28 紫砂壶和圆球体组合的结构画法 庆予

## 三、表现静物的质感

所谓质感是指物体的性质（主要包括硬度、光滑度、反光性能与透明度等）给予人们的感觉。在造型艺术中则把对不同形象用不同技巧所表现的真实感称为质感。

### 1. 每个物体都有各自不同的质感特征

物体都是由不同的物质材料构

成的，其软硬、轻重、粗细、糙滑等性质各不一样，因此给予人的视觉和触觉感受就会不同。其中，硬度属于触觉范畴。写生难就难在要将这种触觉转变为视觉，这需要有很高的技术含量。

在静物写生中，要特别注意表现不同物体的质感特征。质感的表现，除了细致、深入地观察理解之外，还要多多练习，表现的手法要跟上，如此才能掌握质感表现的真谛。

（1）对形体质感的表现，主要还是靠笔触、线条、明暗与色调的对比关系。

（2）量感即组成形体物质的比重。在造型艺术中，量感是依存于形体质感的，只要把质感充分地表现出来，也就适度表现了量感。

### 2. 通常物体的质感是靠吸收光与反射光来反映的

不同材质、纹理的物体表面会产生不同特点的明暗色调的变化。

（1）表面光滑的物体，如瓷器、金属、有机玻璃等制品。经光照射后，表面光滑物体的受光部会产生强烈的高光，物体的背光部则会受周围环境的影响，从而使得整个物体的明暗色调排列顺序呈现出忽明忽暗不规则的变化。

（2）表面粗糙的物体，如陶器、衬布、纸张、毛纹化纤等制品。当它们受光后，其形、光、色的变化均有一定规则，表面会形成由浅到深（阶梯式）的明暗调子的排列。

（3）透明或半透明的物体，如玻璃、水、塑料等。这类物体受光后，有时受光部的中间层次并不亮，而背光部由于光线的透射或折射的原因却变得很亮，如玻璃杯子盛水后的效果便是如此。

在造型艺术中，形体结构说明形体占有空间的方式与形象，形体质感则说明形体的物质内容。对形体结构的刻画可以表现形体的立体特征，对形体质感的刻画可以使这一立体特征富于物质的真实感。

## 四、素描静物写生步骤及要点

素描静物写生步骤，与石膏几何体写生步骤基本相同。但要注意物体由于不同质感和固有色关系，所形成的明暗交界线，亮部、暗部、反光、高光调子之间的差别。

石膏几何体是一种白色物体，三个或四个石膏几何体组成的画面，每一个石膏几何体的受光部和背光部的色调一般区别不大。相对石膏几何体而言，静物的形体、色调以及明暗变化等则更为复杂微妙。而色素和质感的不同，是静物素描区别于石膏几何体素描的另一个特点（见图1—29）。色素的对比能使画面更加生动。

素描静物的写生步骤分为：

### 1. 构图、打轮廓

生活中的许多用品都是根据实用需要和审美要求生产的，有些物品的形体较为复杂。但复杂的形体却常常是由几个简单的形体组合而成的，越是复杂的形体越要用简单的形体去概括、理解。

图1—29　小酒瓶与十字结合体、圆球体组合的明暗画法　庆子

此阶段包括构图及各个物体的基本外在轮廓与内部结构的确定，从整体入手把复杂形体单纯化。画面构图安排得合理与否将直接影响对物体的表现及画面的整体效果，故在安排画面构图时须反复推敲，认真对待。

（1）主体应安排在视觉中心。注意视觉中心不是指画面的正中。

（2）基本形的确定。应把各个物体联系起来从整体加以观察，抓住其明显的转折点，用长直线连接起来。然后，再从主体开始，用几何形体的归纳法，逐步分出各物体的位置与比例，经过一番比较与检查，进而得以确定并具体化（见图1—30a）。

（3）定出整组静物的最高点、最低点和左右位置。在此基础上，再确定每个物体的位置，完成最初的打形阶段（见图1—30b）。

（4）打轮廓时要画出物体的外轮廓线。要运用几何形体由简单到复杂的构成原理，分析形体的特征、透视以及形体位置关系（见图1—30c）。此时不宜急于求成。

1）起稿时还要注意辅助线的运用。辅助线能帮助素描者更准确地理解结构、表现对象。但辅助线不能画得太重，当主要形体被强调后它应会自行消失。

2）构图时起轮廓线的要求是：集中却不单调、滞塞，稳定却有变化，活泼却不显散乱，有主次、远近、疏密关系，黑白关系有序，不分割画面。

需要强调的是：画较为复杂的静物组合时，要注意把组合的形象理解成一个整体，决不能一个个孤立地去画。

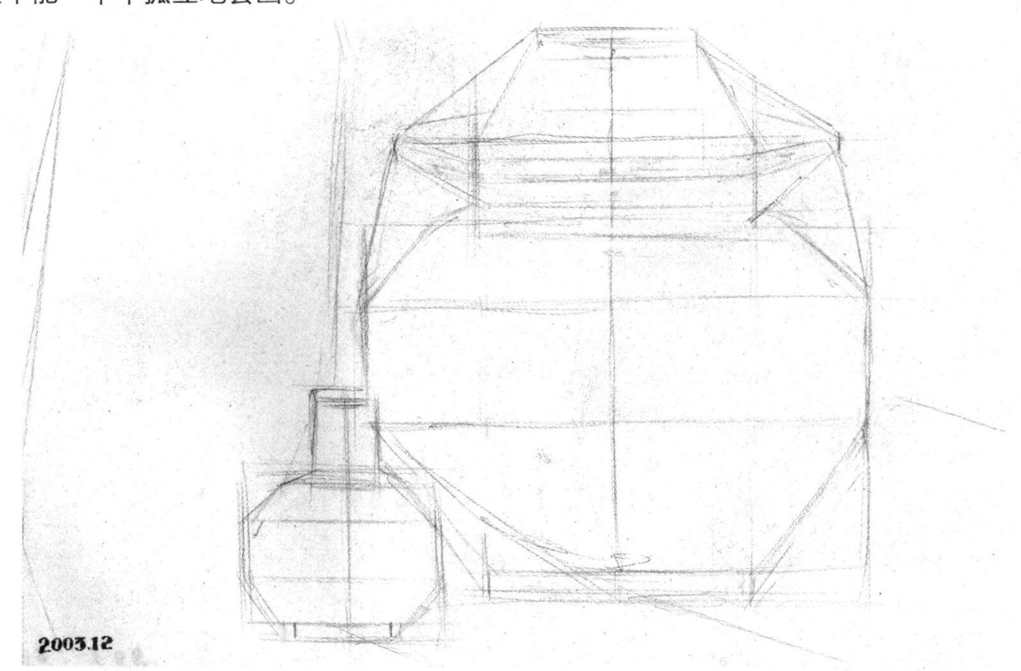


图1—30a　泡菜坛　素描静物写生步骤一

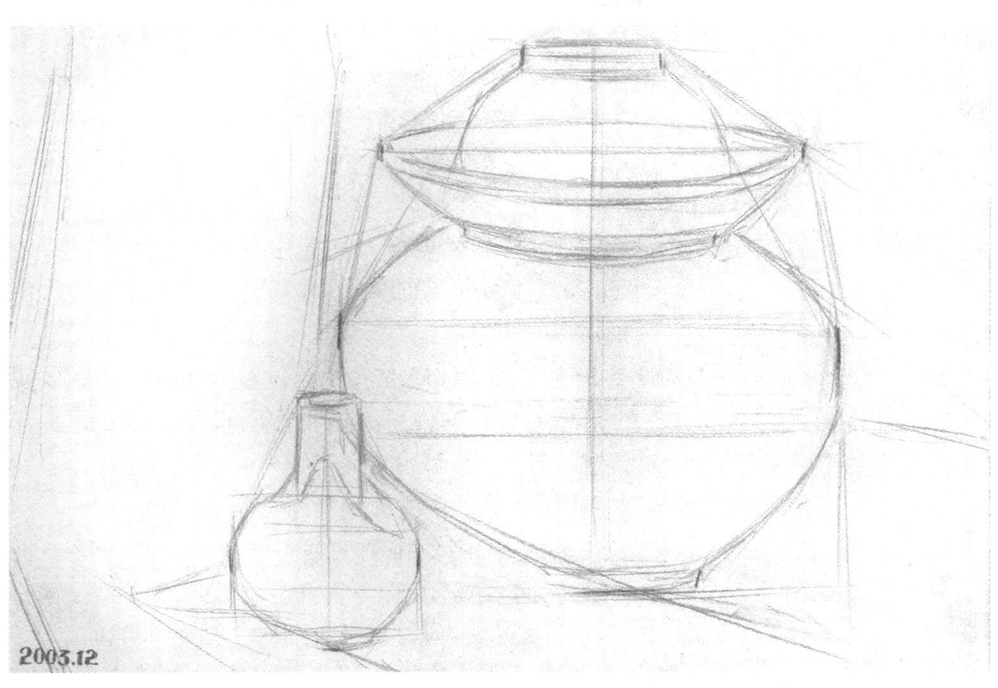


图1—30b　泡菜坛　素描静物写生步骤二

图1—30c　泡菜坛　素描静物写生步骤三

### 2. 铺大体明暗

静物由于色相、明度、纯度不同，反映出来的明暗关系也不同。明度高的亮，明度低的暗，加上光的作用，使物体产生了千差万别的明暗变化，给作画写生时的比较带来了一定的难度。因此打好轮廓看大体的明暗色调时，应注意到各个静物的不同固有色关系，把所有物体按黑、白、灰的大关系作比较与排序。

铺大体明暗就是画明暗两大面，要先定基本色调，把握画面的黑、白、灰关系。可先画深色的物体，再画明度较大的物体（见图1—30d）。初学者从明暗交界线入手较易掌握，因为此处一般受光最少。

（1）画明暗两大面时，先要定出各物体的明暗交界线的位置与形状，然后以明暗交界线为起点，简单画出各物体间的明暗关系。这样可以把物体明暗两大部分区别开来，有助于对复杂的明暗变化进行整体的处理，使画面明暗调子统一。

画明暗两大面，最好由前至后、由深至浅、由主体到背景逐渐展开。

（2）画明暗两大面，主要是画暗面。画暗面排列的线条，不要过于显眼，画面感要强。有时可借助布、手指偶尔擦拭暗面，使形体显得厚重些。画暗面时要一层一层地加，切忌一次画死画黑，要细加分析，不能见黑画黑，见白画白，画面琐碎。

物体间的色素时有深浅，此时要求深浅色调减弱些。有些物体的暗面虽然面积很小，但也要仔细画。这一步，基本上要将所有的暗面全都铺满，画到细微处还要将铅笔削尖（见图1—30e）。

图1—30d　泡菜坛　素描静物写生步骤四

图1—30e　泡菜坛　素描静物写生步骤五

（3）必须把光对物体的作用放在首位，而把固有色的差别放在第二位。

（4）开始阶段，要把调子铺得浅些。不要一下子涂得过浓过重，这样可以给下一步的深入留有余地，有些不是很深的灰色暂时先不要画；也不要用硬的铅笔，以免划破纸面。

（5）要把精力放在物体的明暗大关系对比与各个物体之间的明暗大关系对比上，不要总在一个地方画，抠局部。要时刻顾及其他物体，使写生的画面始终保持整体的明暗关系。

### 3. 深入刻画

深入刻画的第一步，既加深暗面，同时也向亮面的灰色过渡，使体积更丰满，重量感更强。接着，要完善形体结构，注重刻画不同静物的质感，捕捉、挖掘对象有表现力的东西，而不是照抄对象，对能突出物体个性特征的结构要作细致表现。这一阶段是整个作画写生过程中最主要的一步（见图1—30f）。

明暗交界线的深入，要注意到形体的明暗交界形状各不相同，差异很大，有的宽，有的细，有的深，有的浅，有的硬，有的软。因此在画色调变化时要谨慎。以明暗交界线为轴线，形体色调向灰面、暗面过渡。

（1）画灰面，要注意用笔的方向。较好的方法是顺着结构的形体方向运笔，用笔要

图1—30f　泡菜坛　素描静物写生步骤六

图1—30g　泡菜坛　素描静物写生步骤七

和结构相结合。

（2）画暗部、投影、反光，用笔的笔痕不要太明显，而要画得模糊、浑厚。画到灰面、亮面可以显示一点笔触，这样既会加强形体的体感，也会使艺术作品更具画味。

（3）画高光，要注意位置，要根据物体形体的特点来确定高光，受光部要画得充实。

（4）背景的处理，色调总是平一点、虚一点为好，这样可以体现出空间的深度。

背景是主体的陪衬，要根据画面的主体来画。它起到衬托主体并渲染空间气氛的作用，切不可画乱。画背景最好是在画完形体的重色调与灰色调后，用笔从形体的外轮廓线慢慢向空间推出去。背景的表现应服从主体的需要。从打轮廓到完成，每一步都须把静物的主体与背景一起来画，相互比较，使背景能较好地起到衬托主体的作用。切忌先把主体孤立地画完后再去画背景，也不能先画完背景再去画主体。背景和主体相比，应画得更为简洁。

（5）画投影，总是与画形体的暗面一起进行。画好投影可以使形体在空间有所依存，且更具立体感。投影的一般规律是：离形体轮廓近的较实而暗，远则虚而淡。画投影时，不仅要考虑光对物体投射的方向，还要考虑物体本身的形体特征对投影所产生的作用。

在这个阶段，需要应用恰当的技法进一步区别各物体表面色调的微妙变化，对物体的形体特征、质感和空间、虚实等关系都要认真地加以深入刻画，用最恰当的素描语言表现物体的本质特征。深入刻画过程中一定要照顾全局，注意力要不时地跳出局部，考量整体关系如何，观察有没有哪些物体或局部画过了头或落了伍。

深入刻画时，还要根据物体不同的质感和色素，利用不同的用笔去表现，运用不同的线条去描绘。粗糙的物体用笔不宜过细，细腻的物体用笔不宜过粗。深的物体要画得“透气”些，特别是暗部，切勿画得漆黑一团，没有虚实之感。物体的边线，尤其要画得有变化。在画金属和陶瓷这类物体时，其暗部的反光一定要统一在暗部之中，绝不能超过亮部的高光。这就要求素描者从整体出发，去观察和表现对象，把整个画面的明暗对比关系画准确，以增强画面的艺术效果（见图1—30g）。

### 4. 调整、完成

随着画面刻画的不断深入，画面内容越来越丰富，问题也可能会随之增多。这时最好退远审视画面，因为退远后观察很容易发现问题，比如某个反光太亮了，某块局部太“跳”了，某部分画面太灰了或太糊了，某地方太脏了或太板了等。因此，素描作业的统一调整是必不可少的。

大的关系的调整主要包括：

（1）形体结构的矫正。

（2）固有色色度的调整。

（3）某些主体特征与神态的进一步刻画。

从整体效果出发进行调整，加强主体或关键部位，减弱次要部分，删除破坏整体的局部，尤其是大的黑白灰层次变化要明确，最终使画面的形象鲜明生动，各物体之间的浓淡关系既和谐、统一，且又有变化、对比（见图1—30h）。

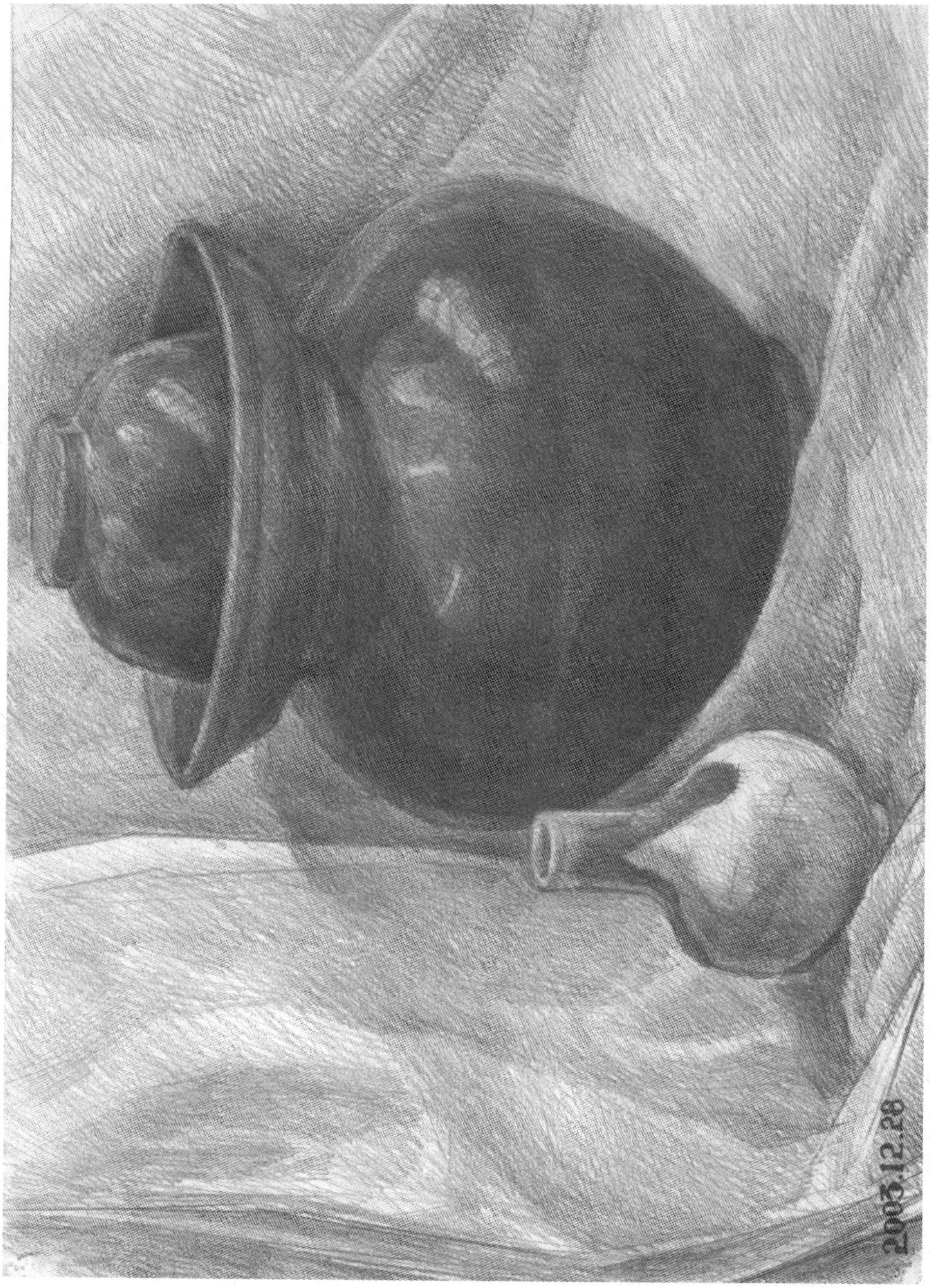

图1—30h　泡菜坛　素描静物写生步骤八　庆子

所谓第一印象，即第一眼看到写生对象时的印象。第一印象感觉新鲜、强烈，对象的特征特点清楚、鲜明。它是写生的生命，也是描绘表现的追求目标。作为一个画家，不仅要善于捕捉第一印象，自觉地捕捉第一印象，还要善于保持第一印象。

在作画写生过程中，不论是在大体阶段，还是在深入阶段，甚至是在调整阶段，都应当有一个间歇的时间，离开座位远看画面，或做一小歇，让视觉调整一番，恢复视觉的新鲜感，加深“第一印象”的印象。也可采用“间隙观察法”，即看一眼，歇一歇，或眨一下眼睛，歇一歇再看，这样可以克服因视觉疲劳、麻痹而引起的种种错觉。

第一印象是感性认识，不够深入，必须经过理性的分析研究才能更好地认识对象。理性分析要求从画面大效果出发进行取舍，有的地方单独看相当不错，局部看还十分出彩，但整体看却很不合理，这样就要根据主次要求理出顺序，甚至还需忍痛割爱，保证画面成为一个有机体。总之，要反复对比，如明暗深浅对比，前后虚实对比等，调整画面的明暗光源变化，调整各物体间轮廓线的明暗转折点的变化，最终达到完整且有分量，又很精彩的画面效果。对画面的整体处理，反映出画者的审美水平和艺术趣味。

对一个成熟的画家来说没有绝对的步骤，画灰面时可以画暗面，画背景过程中也可以调整投影。因此学习不要生搬硬套，而要从虚实关系、主次关系等全方位进行考虑，灵活运用书本上的知识。

## 思考与练习

1. 什么是素描？素描的基本表现形式有几种？并说说它们各自的特点。
2. 为什么要学习素描？为什么说素描是一切造型艺术的基础？
3. 素描基础训练要坚持哪两个原则？
4. 正确的素描写生姿势应该是怎样的？正确的握笔方式又该如何？
5. 画面构图的基本原则有哪些？
6. 形体比例的准确是素描最基本的要求，说说你对这句话的理解及如何把握形体比例。
7. 如何掌握整体观察的方法？
8. 怎样理解物体的内部结构？
9. 形体透视规律主要有哪两条？
10. 透视方法一般可分为几种？每种的特点是怎样的？
11. 简述线条的种类以及这些线条给人们的感觉。
12. 素描中如何排线？排线时用笔的注意点有哪些？

13. 明暗调子的基本规律有哪些?
14. 什么是“三大面、五大调子”?
15. 你是如何理解明暗交界线的?
16. 在明暗素描写生中，还有哪些情况需要注意?
17. 素描的基础训练为什么要从画石膏几何体开始?
18. 说出各个石膏几何体的名称及其特点。
19. 叙述各个石膏几何体的画法要点。
20. 简要说明石膏几何体写生的步骤及要点。
21. 简述正方体的画法。
22. 简述圆球体的画法。
23. 简述圆柱体的画法。
24. 简述圆锥结合体的画法。
25. 组合石膏几何体画法的要点有哪些?
26. 素描静物写生时，选择、摆放与组合静物时要注意哪几点?
27. 在素描静物写生中，分析较复杂的形体结构关系时可将其归纳为哪两大类?
28. 在素描静物写生中，如何表现静物的质感?
29. 简要叙述素描静物写生的步骤及要点。

# 第二章　速写风景

**学习目标**

◆*熟悉速写风景的形式与表现手法*
◆*基本掌握速写风景的步骤与表现方式*
◆*掌握速写风景的取景方式与构图法则*
◆*熟练掌握画建筑物、树木、山石的方法*

## 第一节　概述

速写风景，属于素描风景的范畴。

素描风景是风景画的一种表现形式，其艺术渲染力并不逊色于风景画中的其他体裁，同时它也是色彩风景画的基础。

自然界多姿多彩的风景园林景象和课堂的写生对象有着相当大的区别。室外写生空间广阔，景物复杂，色彩丰富，光线多变。这既要求画者按景物如实描绘，又要求画者不能受客观环境的约束；既要符合客观真实，又要调动主观能动性，依照造型对象各自的特征去寻求不同的表现方法。

速写风景的目的是运用绘画的艺术手段来研究和表现各类风景以及自然界的各种景物。它不单纯是一种技法练习，更是训练一个人的感受与思维的有效手段。它既可以锻炼初学者的观察力和表现力，又可以陶冶画者的艺术情趣，感受大自然的美，从而升华出创作的灵感。速写风景从选材、取景到描绘的过程都反映了画者对该自然景物与客观世界的认识，反映了画者的审美观念与思想情感。

精神是速写风景的灵魂。要画好速写风景，尤为重要的是要掌握风景的精神，把握山水的性灵，领会大自然的气质，要对所画的景物有较深的理解和体会，同时还应掌握空间处理的技巧。好的速写风景作品具有艺术的感染力，能够传递情感，引发回归自然的思考，获得移情的审美效果。可以说速写风景是拓宽艺术视野，加深艺术涵养的一条重要途径。

画速写风景，必须注意以下三个方面。

### 一、由简入繁，循序渐进

初学速写风景一般都会出现这样的情况：对许多亭台楼阁、房舍建筑、花卉树木、山水田野等往往会感到无从下笔；或者如实地堆砌眼前所见到的景物，不是画得杂乱无章就是草草了事。这两种情况都违反了速写风景由简入繁、由浅入深的基本原理。

初学者可从画简单的景物入手，再逐渐表现较复杂的景物。可先画一些尺寸不大、景物不太复杂的风景。开始不要贪多，贪多容易概念化，更会难以应付。例如，画树可先描绘单棵树，再过渡到画不同品种的多棵树，继而表现森林、小道、田野、河流等自然景物的组合。进而，可以选择一些简单的题材入手，如亭台楼阁的局部、单座小型的建筑等，作局部的速写风景，这对于进一步画好较为复杂的速写风景或积累创作素材都很有必要。也可以先多画小构图加以推敲，多找合乎速写风景构图要求的景点、景物进行速写练习。然后，可画较为复杂的建筑物速写，画毕再配以几棵树。随着速写能力的提高，可再画更为复杂的建筑群，甚至可以画俯视与鸟瞰之类的速写风景。

这一练习过程，以理解各种风景园林景物的结构和色调层次的关系为目的，帮助画者逐步掌握在平面上表现风景园林的立体形象、空间感和质感的绘画技能。当然，画者不能孤立地去描绘景物，而要学会把握画面整体，这就要求作画时要注意空间关系、立体感、光感等因素。只有通过这一系列的专题风景速写，才能循序渐进地逐步掌握速写风景中一些景物的形象特征和描绘方法，才能画好速写风景画。

速写风景正是以这种层层推进的观察分析方法，去审视具体景观、景点、景物的构成，发掘其中富于审美价值的内涵及组合形式，并以恰当的绘画语言与其相契合，最终表现出具有某种美学意义的视觉化意境。

## 二、善于概括、取舍

在室外作风景园林写生所看到的景物范围非常大，故在速写风景时，要选其中最有感受且又富有画意的一部分景物来表现。

绘画属于视觉艺术，所看到的形象是由光、色、线、体、面、空间、气氛等许多因素组成的，这些因素之间有着错综复杂、不可分割的联系。在速写风景描绘景物时必须从整体出发、全面照顾，不能只注重局部、忽略了整体，也不能不顾内容、只顾形式，单纯追求画面的趣味。

无论描绘的景物是简单的还是复杂的，都应贯彻整体表现的原则。同时，也只有通过景物之间的组合与呼应，找到它们之间的联系，排除次要的枝节，概括形象，增强构图的形体线条的运动，才能活跃画面的气氛，增强作品的感染力。

画景物复杂的速写风景，还要找到景物形体之间的组合呼应关系。处理组合呼应关系时，除了综合概括的手法，还要允许适当的调度、移景、取舍使构图与画面的效果生动起来。速写风景画面的要求是主次分明，主体部分尤为突出，次要和其他陪衬部分则要做概括、简化处理。另外，千万别贪大求全。所画的景物过大往往会流于空泛杂乱，不容易画出好的效果。

### 三、注意气候、光线的变化

不同季节、不同时辰、不同气候、不同光照下风景园林景象的明暗、强弱、浓淡等变化复杂，所呈现出来的美与给人的感受有很大的不同。画者不仅要细心观察早晨、中午、黄昏等不同时辰阶段同一景色的明暗变化规律，还要留心晴天、雨天、阴天等不同气候条件下景物的区别。画时要注意用不同的手法与技巧来表现自然界的变化，捕捉常人难以发现的园林美。

此外自然景物在不同角度的光线照射下，其明暗关系会发生很大变化，因此把握时机非常重要。能否把握最佳时机，能否把握好写生的心态，看起来似乎纯粹是作画写生之事，其实“功夫在画外”。经验告诉我们，只有平时多观察，多揣摩名作，加强各方面的修养，尤其要注意向姐妹艺术学习，全方位跨学科地作长期的磨砺和积累，不断提高审美能力，才能抓住特殊的园林美，并不失时机、得心应手地再现于画面之上。

要画好速写风景，训练途径只有两条：

一为临摹。临摹是为了了解和掌握速写风景的画法、步骤及基本表现手法，为以后的写生做准备。一面临摹，一面体会原画作者是如何布局构图，如何塑造表现，如何处理画面的黑白灰与疏密、虚实及空间关系的。

二为写生。写生是掌握速写风景关键的一环。只有通过写生才能领悟速写风景的基本规律，从而熟悉并掌握其技法。

## 第二节　速写风景基础知识

画速写风景的材料与工具相当简单，一支笔、一个速写本（或画夹与纸），不仅方便携带，而且极具灵活性、随意性。

### 一、速写风景的形式与表现手法

#### 1. 速写风景的形式

速写风景在构图和表现形式上多种多样。它较之风景画的其他体裁更为简便易行。

（1）可以选择任何角度和视点。

（2）可以表现该风景的整个场景。

（3）可以表现该风景景观、景点、景物的某一个局部。

#### 2. 速写风景的表现手法

（1）以线条为主。用线要大胆肯定，挺拔有力。线和线交结严谨，讲究线条的疏密关系。用线也可有粗细的变化，线形结合严格，强调形体的结构（见图2—1）。

线条不能光“画”，而要用“写”的方法。速写、写生，这个“写”字很重要。

“写”出来的线条，准确而美，且有味。

（2）以明暗调子为主。注重面的方向与转折以及黑白关系（见图2—2）。

（3）采用线面结合的手法。以线为骨架，以明暗增强其表现的宽度与深度（立体感与空间感）。这种线条与明暗调子结合的方法是有所侧重的。此综合画法又可分为两类：

1）以线条为主，加明暗调子的画法（见图2—3）。

2）以明暗调子为主，加线条的画法（见图2—4）。

图2—1　以线条为主的表现手法　天王殿前的西经幢

图2—2　以明暗调子为主的表现手法　雨后云峰

图2—3　以线条为主、加明暗调子的画法　周庄

图2—4　以明暗调子为主，加线条的画法　夏日园林

在速写风景中描绘和表现景物，有时可只用单线；有时可用复杂的线进行交叉、反复、重叠等，使之产生多种多样的变化；也有些以单线为主，只在关键的地方进行加深，突出重点。风景速写中的各种表现方法完全自由，没有固定的形式。但迫于敏捷感悟、迅速把握的需要，以线条描绘景观、景物结构者为多。如时间允许也可以对具体细节多作描绘，使笔下的景观、景物多保留一些当时当地的风貌特点。

总之，只有画者充分地理解景物的形体、结构等，并结合速写画面主题的需要去考虑景物的表现方式，才会产生独特的速写风景表现形式与风格。

## 二、速写风景的步骤与表现方式

速写风景，作画写生，都需要有点激情，最怕无动于衷。严格地说，速写是很难说有具体步骤的。因此，需要先把速写作为慢写来研究，这是为了便于初学者了解与掌握。

### 1. 速写风景的步骤

速写风景可以从整体着手，一步步地深入；也可以在把握画面整体效果的前提下，直接从局部画起。

（1）安排好画面的构图。选择最能体现风景景色、景点景物造型特征的角度，根据画者的感受、表现的目的（主题、画意）以及构思，确定取景，定好视平线（地平线）的位置，并轻轻勾画出主体景物的位置和外形，再在画纸上“置阵布势”。

（2）画出主体景物大的形体关系。通过构图把主体景物放在合适的空间层次上，画出主体景物的基本形，尤其是主体大的形体关系；安排好次要景物的位置，并将景物依主次、前后合理地表现到画面上（见图2—5a），用虚线示意出透视的点线。着重检查一下透视关系，景物的安排是否符合线透视的法则。

（3）深入对主体景物与近景进行刻画。从局部入手，即从最感兴趣的部位画起，或是从视觉中心部分的景物细部画起，或者从主体景物画起，充分再现景物的造型、质感等特征（见图2—5b）。尤要注意主次、前后、空间等关系及线条的疏密、粗细、曲直、软硬等变化，加强各种对比，使最终的画面得以完整与统一（见图2—5c）。从局部画起，必须随时注意调整此一部分与邻近一部分的关系，任何过于跳跃的局部都会破坏画面空间的和谐。总之，速写风景非常强调整体气势的把握。

（4）处理好画面的主次、虚实关系。速写风景中的主次、虚实关系，至关重要。根据画面的意境和构图的需要，突出实处、突出主体、突出画面的中心部分，合理地进行取舍、移景，使画面得以完整。对画面主体中心部分的描绘须尽量准确、传神，而对非中心部分、非主体部分只需作大略简洁的处理，以免喧宾夺主（见图2—5d）。

### 2. 速写风景的表现方式

作为各不相同的写生方式，它们都遵循着这样一个美学原则：强调以形写神、迁想妙得与默契神会的美学理念，注重画面的笔情物趣与气韵生动，以及深刻含蓄的意境营造。画速写风景前务必根据具体描绘对象所允许的时间长短，采取可行性强的表现方式，这样比较容易取得预想的写生效果。

（1）较完整的速写风景。初学者开始作速写风景时，在时间上可安排得长一些、充分一些，以便能从容、正确地予以描绘。此方式适宜培养全身心投入的深入刻画作风。尤其要注意的是重点的取舍，了解与学会如何概括地表现风景中的各种景物，使其轮廓、明暗、画面都较为完整（见图2—6）。

（2）较简括的速写风景。如果速写风景的时间较为短促，并受其他条件的限制只能作概括描绘时，最好将轮廓与明暗同时画出，做到一步到位。特别要注意的是必须抓住主要部分，去掉次要部分，用极其迅速的手法去完成作业（见图2—7）。

（3）单线勾勒的速写风景。这是一种最为普遍、最为常见的表现方法。此方法只用线条来表现风景中各种景物对象的特点，虽不画明暗，却有很强的表现力（见图2—8）。初学者需重点学习、重点训练此表现方法。

（4）快速的速写风景。有时由于时间紧迫或者在旅途的车船上，作速写风景唯一的方法是，迅速运用敏锐的观察力与记忆力，记风景最精华、最动人、最有用之处，并快速地抓住其特征，把它表现出来（见图2—9）。这种快速的速写风景只有训练有素的画家才能做到。

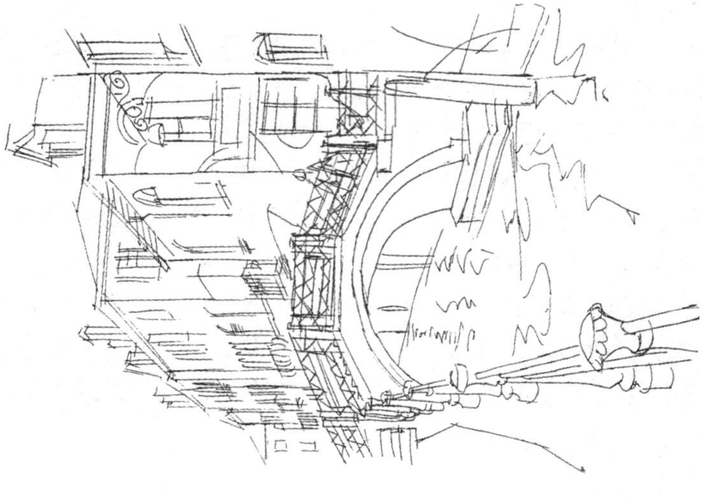

图2—5a　速写风景步骤一

图2—5b　速写风景步骤二

图2—5c　速写风景步骤三

图2—5d　速写风景步骤四　（德）佚名

图2—6　较完整的速写风景　灵隐飞来峰

## 三、取景方式

初学者在画速写风景时，取景是最容易犯错的环节之一。

速写风景中首先会碰到如何取景，如何取景更适合画意这样的问题。有时几个人同画一个景，结果会画出完全不同的景色，这是每人取景的角度与视平线都不相同的缘故。在速写风景中取景格外地重要，它会直接影响到画面构图及表现手法。

取景的角度应该根据既能体现景物的造型特征，又能充分表达景物的体积关系来确定。取景的原则主要是选择又好看又好画，更利于表现客观景物的最佳角度和构图。

### 1. 要善于发现美，找到最出效果的角度

《罗丹艺术论》中有一句令人难忘的名言："美是到处都有的。对于我们的眼睛，不是缺少美，而是缺少发现。"这就是说，只要画者富有感应美的灵魂触觉，又善于观察分析、选择取舍及移景组合，就可以达到"每转个方向都是一幅画"的境界。

"景无有不可画，在于如何画得妙"（黄宾虹语）。画速写风景时，一定要多走、多看、多感觉。当发现美的景色并产生想画它的激情时，最好先环视四周，找到其最美、最出效果的角度。这也是画好速写风景的第一步。

图2—8　单线勾勒的速写风景　狮子林卧云室

图2—7　较简括的速写风景　湖光山色共争秋

图2—9　快速的速写风景　小镇晨霭

**2. 取景时宜感性和理性互补共融**

当画者取景踌躇不定时，感性和理性的互补共融显得十分重要。

（1）不妨借助两种常用的“取景框”来完成这一过程。

1）用双手手指搭成一个活动的“取景框”取景。

2）用卡纸或一般硬纸挖一个像照相机中“取景框”一样的小框取景。

这两种取景的方式可以把景中一切线条因透视而发生的倾斜和其四边的平线、直线相比较，可以使“取景框”中的景物符合画者的构思，还可以帮助构图。在画面上如要放入更多的东西就让取景范围扩大一些，即把“取景框”放得离眼睛近些；如构图要简单些，则可把“取景框”放得离眼睛远些。

取景框，对于初学者来说不仅有一定的帮助，还能起到校正视觉错误的作用。这里要提醒的是：取景时人和物体之间的距离一般在物体高度或宽度两倍以上较为合适。

（2）找好角度后，就要构思如何去处理表现它。具体地说，就是考虑主体是什么，画多大，如何突出其特点；如何配置主体周围的东西，强调哪些景物，弱化哪些景物，剪裁哪些景物，取舍哪些景物，移动哪些景物；画面边缘画到哪里为妥；地平线是高还是低；天空是否要画出、画出多少；构图采用横式还是竖式方式等。

画速写风景时，要根据具体景观、景物的整体构成意向与局部构景关系，以及单个

景物形态，作全景、近景、中景或局部的取景分析与审美探寻，找出最佳的方案。

## 四、构图法则

构图是绘画艺术技巧的一个重要组成部分，它所要研究的课题是探索如何用视觉形象说话。在速写风景中构图就是对所取景物作全局性的组合处理，既有重点又能集中，既有秩序又不呆板。一幅风景画画得好不好，构图布局起到了决定性的作用。成功的作品多半有好的布局，相反，构图不好，画面结构不好，景物描绘得再好，也只能是徒劳。同样一幅风景画的景物，放在直幅和放在横幅里，其感觉是完全不同的（见图2—10、图2—11）。

画速写风景要尽量根据第一印象和艺术感受，确立一个构图中心，根据它来构成画面，组织画面，突出主题，体现意境，创造新意（见图2—12）。

图2—10　何蓑何笠

图2—11　拙政园笠亭

图2—12　古塔玲珑

速写风景的画面构图法则，主要有：

## 1. 整体完善

画速写风景一定要有明确的整体观念，对景物层次、虚实、主次做到心中有数。无论描绘的景物是简单的还是复杂的，都应该贯彻“一个完善的整体”的表现原则。孤立地去画是不能构成有联系的整体，孤立地画是不能构成有组织、有艺术的整体画面的。可以说，懂得整体是一个画者成熟的开始。

此外，还要重视景物形体之间的组合、结构、联系与呼应等。只有通过画面构图的组合与呼应，才能找到它们之间的联系，排除次要与枝节，突出主体，概括、提炼形象，甚至大胆取舍，有时可取局部并深入刻画，增强画面构图的形体线条的运动。

风景画的意境是由画面结构的形体位置、线条的变化组合所决定的（见图2—13）。一个完善的画面整体，不但为意境的营造铺设了景物组合中的构图框架，而且为意境的外传创造了内在的意趣联系与外在的表现形式（见图2—14）。同时，意境的成功营造和外传也为画面充实了精神内涵，使其富有深刻的表现力。

**图2—13　柯岩绝胜**

## 2. 突出主体

一幅速写风景就内容而言只有一个主题，就形象而言只有一个主体。

主体是构图的统帅，是一切形象中最为突出和明显的一个或一组。它虽不能包括主题，但必定是主题中最重要的一个部分。速写风景主体必须明确，围绕主体的部分要形成画面中心。画面只能有一个中心。它不是以占据画面的大小而定的，而是以选择何种题材，表达何种内容而定的（见图2—15）。

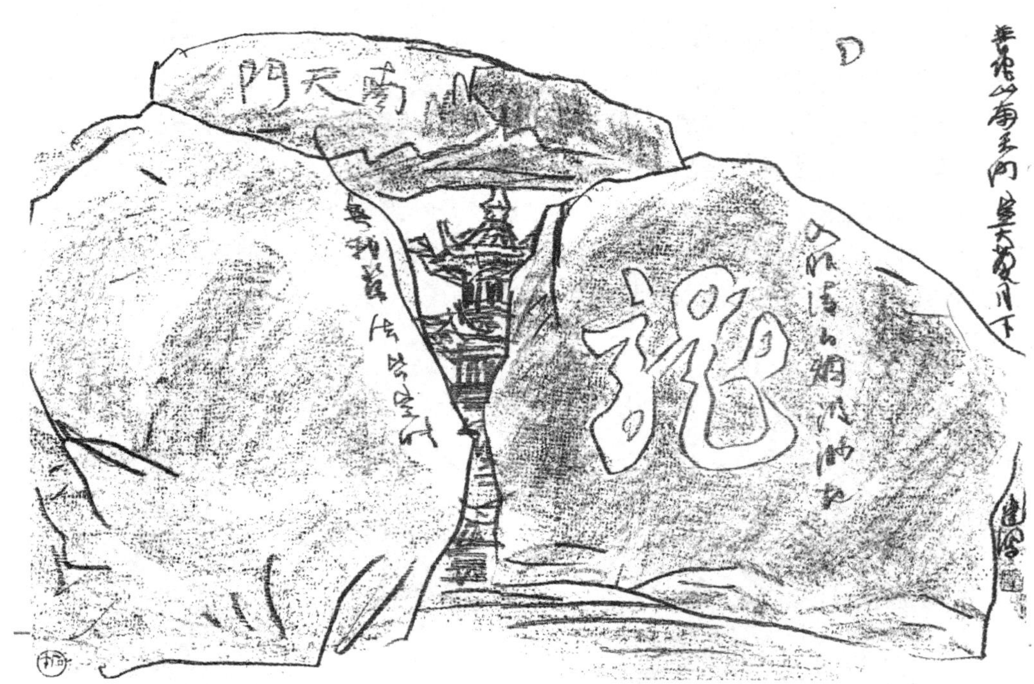

图2—14　月下南天门

图2—15　千岛湖森林氧吧

（1）安排主体位置。其要点是：

1）不能放置太偏，这样会使主体不明显、不突出，使景物有倾出画面之感。

2）不能放置过于居中，这样会令画面对等分割，给人呆板的感觉。

初学者用以上两种方法来检查一幅速写风景的画面构图是否理想，是较为稳妥的方法。

数学中的黄金分割比例在造型艺术中的确能获得美的效果。然而，在绘画构图上没有必要求得很精确的数学比值，一般6：4（或5：3）即可。在通常情况下，画面的主体安排在“井字形”（在画面三分之一和三分之二处，各画一纵线和横线，恰好呈一“井”字）的交叉点附近较为适宜。因为，处在“井”字交叉的任何点上，均是重点突出、造型得势的最佳选择，也正是视圈的要冲之地。这就是所谓的“黄金分割点”，也即“位置线”的地方。

当然，形式是与内容相统一的，不同的内容有不同的比例要求，黄金比例也并非适用于所有的画面。

（2）处理宾主问题。其要点是：

1）不能宾主不分，出现喧宾夺主。

2）不能没有主体，宾主杂乱难分。

严格的比例令人悦目，但又不能将其绝对化。因为美的形式是多样的，艺术贵在创造。一般而言，速写风景和风景绘画都常把主体部分画得较突出，大都将主体部分安排于画面的中景，而陪衬部分或次要部分则安排于画面的近景和远景。有时为了某种需要，也可以把主体放置在近景或远景（见图2—16、图2—17）。

在处理近景、中景、远景三个大的空间距离层次上，更应该有主次之分、宾主之分。没有主次的画面是松散的，没有宾主的画面是孤立的。

① 若以中景为主，中景就得多予以刻画，近景、远景则可相应概括。

② 若以近景为主，近景就该画得充分些，中景、远景便可相应概括。

③ 即使在同一个空间层次的景物，也应有主次之分。

这样才能在视觉上形成构图的中心和构图的重点。

一幅较完整的速写风景往往需要具备近景、中景、远景三个空间层次关系。因而在开始构图时，就应对各种景物所占据的位置有一个恰当的安排和处理，使画面有远近、虚实之感（见图2—18）。画面上有了空间层次可产生深远舒展、层出不穷、引人入胜的艺术效果。如果一幅速写风景中的空间层次少，甚至没有，那么画面的意境就势必会受影响，甚至遭到破坏。

在画面中最受观者注目的是视点。画者一般会把主体放置在视点附近，但也有这种情况，画者利用色彩或光线或其他手法把不在视点旁的主体突出，而视点上却放置了画者想告诉，而又不想直接告诉观者的事物。

图2—16　黑云翻墨未遮山

图2—17　白山石景

图2—18　**湖心亭**

### 3. 布局均衡

均衡即画面左右、上下各部分的轻重、比重在空间的搭配上要合理，在感觉上要均衡（见图2—19、图2—20）。

（1）均衡是视觉心理上的平衡。均衡是人们从生活实践中形成的一种感官作用，是视觉心理上的平衡。尽管画面上下左右物体的形状、大小、多少、虚实不一，距离的远近、位置不同，这些往往会在人们心理上引起不同的感应，但却可产生平衡感。

均衡绝不是天平式的平衡。它不是“等分”，不是将画面分成上下两半，或左右两半，或对角两半，或将主要部分分割成左右、上下相等的对称形。所谓均衡，绝不能用形的对称或者数量上的相同来取得，如此则太呆板了。在绘画构图中，这种“等分”完全应当避免或者需想方设法来突破。

图2—19　如故亭

图2—20　千岛湖所见

（2）要着重注意“力点的平衡”。画面上任何物体的方向、动势都会对人的视觉心理产生一种力的走势感，所以要用形的对比，数量上的多与少的对比，“力点的平衡”来取得均衡。所谓“力点的平衡”，是指静止的景物重量和运动的动向及运动力在视觉上的均衡。

速写风景画面构图的均衡分静止的均衡和运动的均衡两种。

1）静止的均衡：一般指重量（力）的均衡，其中包括形体与位置的因素。

2）运动的均衡：一般指动向与运动力（运动趋势，惯性力）的均衡。

从画面的各个局部来说，充满了宾主、虚实、疏密、聚散、繁简、黑白、浓淡、粗细、大小、穿插、开合、呼应、向背、出入、收放、顺逆以及点、线、面等一系列互相对比的关系，但从全局效果上看，则又必须是一个和谐的多样的统一体（见图2—21）。就是说，通过画面各局部不平衡的协调手段达到画面全局的均衡，这是画面构图处理上最基本的要求（见图2—22）。如果画面缺乏对比，就不可能有动人的艺术节奏感；如果画面缺乏和谐统一，也就必然造成杂乱无章的局面。

**图2—21　沈园洗雨**

速写风景的画面如能既均衡又多样统一，则是一幅较好、较理想的构图。均衡和多样统一实际上是一个含义，都是对立统一律在“视觉语言”组合上的应用。换句话说，造型艺术中引进力学概念，使形体布局在一个空间构架中达到一定程度的重力均势，避免产生一种不适宜的倾倒感。

图2—22　晋代名院

中国画构图中的“起、承、转、合”就是对这一原理的发挥，下面将介绍的S形（或为“之”字形）构图也正是这一原理的应用。

## 4. 强调对比

从某种意义上说，探讨、研究构图的目的就是为了加强画面的对比。

对比是速写风景艺术表现技巧的主要手段，也是速写风景中又一重要原则。对比在秩序和空间缓冲中会产生调和的美。运用对比这一原则的目的，其本身就是为了使速写风景的画面生色，主体形象突出，有开有合，有明有暗，有虚有实，有疏有密，构图巧妙，从而达到引人注目与多样变化的最佳效果。可以说，对比是增加速写风景中艺术情趣的最有效方法，它使画面比风景比景物更突出，能更好地体现画中的主题。反之，如果没有对比，画面势必平淡失色，单调无变化。

速写风景画面中明暗要有对比（见图2—23），线条要有对比（见图2—24），虚实要有对比（见图2—25），疏密要有对比（见图2—26），主次要有对比（见图2—27），画面构图更要有对比（见图2—28）。

图2—23　明暗要有对比　西湖天下景一处别有风格的庭园

图2—24　线条要有对比　明轩

图2—25　虚实要有对比　雨后空林

图2—26　疏密要有对比　网师院潭西渔隐

图2—27　主次要有对比　冠云峰和冠云楼

图2—28　画面更要有对比　雪后清波公园

明暗关系不仅能起到丰富画面和使画面保持均衡的作用，更重要的是还可以通过明暗的对比突出画面的中心或重点。速写风景构图中心的形成不仅与明暗对比的数量有关，而且和对比的强度也有直接的联系。明暗的对比不能一比一等量的比，这样的比分量相等、轻重不分，缺少变化，而应以三比一、五比二、七比三、六比四的分量去比，较为理想。画面构图中对比度最强的地方，往往就是明暗调子中最深暗或最浅、最明亮的地方，就会成为画面的视觉注意点和画面构图的中心。

（1）景物远近的明暗规律

1）离画面近的景物，其明暗对比强，立体感也强。

2）离画面远的景物，其明暗对比弱，立体感也弱。

（2）近景、中景、远景的三个层次

1）近景因处于视觉范围的边缘，其形象较为模糊，大块，较暗。

2）中景形象清晰、具体、复杂、较亮。

3）远景形象平灰，而且单纯。

（3）构图上的明暗配置与明暗对比处理

1）画面由大块明包围中间小块暗，或由大块暗包围中间小块明（见图2—29）。此配置法调和、稳定。

图2—29　苏州拙政园

2）将明暗配置于上下两方（见图2—30），这是速写风景中最为普遍的、也最为常用的一种明暗配置法。此法看似普通，但变化却相当地多，如能变化得妙，常不失为佳构。

**图2—30 虎跑老定慧寺遗址**

3）在大面积明或大面积暗的画面上散布一小部分较强的暗或较强的明（见图2—31）此法最能表现出主体景物与次要景物之间的关系，同时明暗位置上的均衡也较为妥帖。

在速写风景中，为了避免画面产生散乱或堆塞，还须注意疏密的变化。该疏不疏，该密不密，画面就会松松散散、毫无生气。古人所谓："疏可走马，密不透风"。并倡导"疏密有致"。疏密的变化就是数量的对比，一幅速写风景画到处都塞得满满的就没有透气的地方；相反，到处都空泛泛的又觉得没有实际的内容。作画写生应实中求虚、虚中求实；在表现方法上要疏中求密、密中求疏。

（4）画面构图的构成元素是点、线、形。因此，画面构图中的对比就是点、线、形的对比（见图2—32）。

1）点的对比。点的对比在于多和少的对比。

2）线的对比。线的对比有长短的对比、粗细的对比、曲直的对比等。然而，在画面构图中运用得最多的还是线的方向对比。凡是对比最强的一组，往往比其他几组更能引人注意，且不管其处在一个什么位置上。

图2—31　留园山林

图2—32　弘一法师纪念塔

图2—33　普陀百步沙

图2—34　仰止亭

图2—35　飞来峰多宝佛塔

3）形的对比。形的对比在于大和小的对比与不同形状的对比。

一幅速写风景画在形的方面，最好有点、线、面的变化（见图2—33）；在线的方面最好有轻、重、缓、急、粗、细、曲、直的变化（见图2—34）；在调子方面至少有明、灰、暗的变化（见图2—35）。

图2—36　新建的雷峰塔

### 5. 取舍移景

速写风景不是把看到的所有景物一一收入到画面中，而是必须运用综合和概括的艺术手法作适当的调度，并经过省略、剪裁、提炼，取舍、移景等手段，进行艺术处理，使构图完善、画面效果生动起来。

（1）绘画只能择其所需。对于庞杂的景点、景物作必要的取舍处理，甚至移景，是构图立意一开始便要考虑的问题。

取舍得恰当与否，不仅关系到意境的完美表现，同时也直接影响到各种技法的具体发挥。画速写风景只能截取自然界中的一部分，那些与主题无关的景物均可大胆地省略，那些重点突出又与主题有关联的景物则必须加强，并使其相互连成为一个整体，最大限度地突出主题与深化意境。即使是对取入画面的景物，也不可平均对待，而要有主次之分（见图2—36）。如看到一座壮丽美观的楼阁，但在它的近处有一片过于稠密的树 林，为使画面开阔，不妨只选取其中造型美的几棵树，而把妨碍构图且多余的树统统删去。又如，由于画面的左上角或右上角太空，也可以在其空隙处加上一两朵白云，或几只鸟儿……诸如此类的适当取舍和处理，可以使画面构图得以改观。

图2—37　方岙送弟亭

（2）对景作画要懂得取舍。黄宾虹先生曾不无感慨地说：“对景作画，要懂

得‘舍’字，追写状物，要懂得‘取’字，‘舍、取’不由人，‘舍、取’可由人，懂得此理，方可染翰挥毫”。他还明确指出：“‘取’难，‘舍’更难。”

取舍的过程就是去粗取精的过程。对实景取舍什么，移动什么，处理什么，对主体景物如何进行强化，对辅助、次要景物如何进行概括或淡化，都必须根据具体构图及构思立意的需要，运用恰当的表现手法对其具体内容及其组合关系作“取”或“舍”的大胆、合理的处理（见图2—37）。有时为了获得某种强烈的审美视觉，甚至可以最大限度地删去一切与物象本质精神无关的视觉因素，必要时甚至可以“舍”至空白的境地（见图2—38）。当然，此类空白有所谓“计白当黑”的审美意蕴。

图2—38　狮子林观瀑亭

### 6. S形构图法

在速写风景中，常见应用S形（或“之”字形）的构图。S形构图可使画面显得自然灵活，让景物有透视上的深远之感（见图2—39），也可防止构图“板结”。

（1）艺术讲究含蓄。S形可以被视为是由两个相向的C形的连接，也可以看作是上下两条内引线与中线三部分的组成。S形构图的曲线形式，既生动又灵活，最适宜于速写风景和风景绘画，也适宜于表现一切流动柔美的画面。这种节奏律动沿着S形轨迹的

图2—39　罗汉峰上远眺

曲折走势延伸，赋予其音乐节奏旋律式的审美形式，强化了画面的审美内涵。

S形构图转折处可虚可实，可藏可露，通过曲折的空间变化和造境中视觉势韵的委婉导向，可以营造曲折迂回的意境（见图2—40）。S形构图在速写风景与风景绘画中应用得最为普遍，其他各种构图法也无不都包含在此法中。S形的构图法则是一个基本的法则，是一个对立统一的法则，同时也是人类审美的基本要素。

（2）S形的美学。S形是构成人体的最基本的曲线，这条线本身就包含着最为单纯的多样与统一。S形律动，体现了虚实相生的天然结构与流动的节律。宇宙天体的形成，就是从气的螺旋波状中开始并以波状的形式运作的，因此，西方一些美学专著中称这种S形律动为波状线。波状线是大自然中呈现的基本线形，具有生物学与动力学上的深刻根源。

我国古老的太极图案是一种圆形的美，曲线的美，平衡对称的美，和谐有序静态的美。它正是以S形为其骨干，把一个圆分成不对称却又均衡的“一黑一白”两块，其面积相等、形状相同（统一），而一黑一白、方向颠倒（多样）象征着万物的变化；在其相反的圆圈中间（统一），又各有一个白点或黑点（多样）。在圆形中还划分出形成正形与负形的重复。正可谓：圆中有曲，曲中有点，黑者为实，白者为虚，但白中有黑，

图2—40　云岭烟霭

黑中有白。如此简洁而又单纯的造型，却又包含着丰富的对比和统一，由此增减，变化无穷，它遂成为中国传统审美观念的依据。这是很值得画者反复研究与推敲的。

一代宗师林风眠先生曾说，“S形构图是画面最好的结构”，“S形构图是画面最牢的结构”。同样，在欧洲现代绘画中，往往把画面的结构比喻为建筑物的基础，它的要求就是“结实”，就是“牢固”。

概括起来说，速写风景构图的基本要求是：内容突出，主题鲜明，主次分明，单纯中有变化，变化中要统一，最终形成均衡完整的艺术形象。

## 五、选择透视的角度与确定视平线的位置

选景的角度，应该根据既能体现景物的造型特征，又能充分表达景物的体积关系来确定。这是画好速写风景的最关键的一步。

### 1. 选择透视的角度

（1）视觉透视的基本规律

1）近大远小：即大小相同的景物距离越近越大，距离越远越小。

2）近宽远窄：即同等宽度的景物距离越近越宽，距离越远越窄。

3）近高远低：即同高的景物，在视平线（地平线）以上的距离越近越高，距离越远越低；在视平线（地平线）以下的距离越远越高，距离越近越低。

初学者画形不准确，十有八九是因为违反了以上最基本的原理。单纯理解透视的知识是不难的，但要应用透视的知识却不是一件容易的事。

在速写风景时，不仅要准确地利用透视学原理去表现景物，还要把视觉透视的这一基本规律当成深化视觉感受的一种手段。在表现一般景物的形体结构方面，只要在视觉上感到合理平稳，在感觉上大致符合视觉透视的规律就可以了。在速写风景中运用这一规律，必然会使速写的风景画画面产生空间感和立体感。

（2）视点决定着透视的角度

1）透视与视点的选择密切相关。视点（眼睛看什么地方，什么地方就是视点），可以说起着支配的作用。视点的选择应本着有利于表现景物的造型特征、空间和体积关系为目的。

2）视点的位置决定着画面的透视角度和画面的透视效果。由于视点的多种变化造成了画面构图的多样变化。站在低处作画，视平线随之降低，地面见之较窄，眼前的物体显得高大。相反，站在高处作画，视平线随之升高，地面见之较开阔。

3）视平线是与画者的眼睛等高的一条水平线。由于写生者眼睛视点位置的高低不同，在视觉效果上便出现了平视、俯视与仰视。

① 平视：眼睛所看的地方与地平线高度一致。

② 俯视：眼睛所看的地方低于地平线，即由高往低看。

③ 仰视：眼睛所看的地方高于地平线，即由低往高看。

④ 视点决定着视平线的高低：视平线的高低决定写生者所处位置的高低。它与画面的构图和主体景物的表现关系极为密切，对于画面整个气氛的控制起着相当重要的作用。

### 2. 确定视平线的位置

角度选择好后，面对景物落幅（即构图）的第一件事是找到地平线（远处地面或水面同天空分界的一条线），确定视平线在画面上的位置。

当人平视景物时，视平线随人的上下移动而移动。当画者平视时，视平线和地平线合二为一。由此可见，地平线在风景画面上的高低位置是非常重要的。它是速写风景落幅的第一笔（成熟的画家往往将此存于心中），也是画面构图的要素之一。地平线不仅可以使所表现的景物的透视关系有个依据，而且也可以把它作为表达作画意图的最初基础。

在速写风景中，根据画面表现的需要可选择不同的视平线位置：

（1）仰视。为了要表现雄伟壮观的景物和亭台楼阁、高楼大厦的高大气势或天空的辽阔，常把视平线的位置适当放低，写生者与被画的建筑物之间的距离宜近一点（见图2—41）。

图2—41　潮音洞

（2）俯视。为了要纵横全貌，表现开阔、博大的场面，更丰富地展示视平线以下的景物，则宜把视平线的位置提高（见图2—42），甚至可以放在画面以外，好似居高临下，鸟瞰一般（见图2—43）。

图2—42　望海亭

图2—43　山海奇观

（3）平视。为了要表现湖泊景观和亭台楼阁等建筑物的平易、可亲，可以用正常人的视高作视平线来取景（见图2—44）。

**图2—44　密竹青无数，绝壑窥卧龙**

可见，不同的视平线会产生不同的意境和艺术效果。

仰视、俯视、平视均为焦点透视，但美术作品也不都是利用焦点透视来组织画面的，比如多视点的积累。

（4）散点透视。所谓散点透视即“移动视点透视”。有时为了表达画面的需要，在速写风景中也可以打破一个视域的界限，打破空间和时间的局限，运用我国传统绘画中常用的这种独到方法——散点透视。

这种方法的视点不固定在一点上，而是采用移动的方式，甚至在一幅画里可以出现几个视域的景物。其基本形式有以下几种：

1）上下移动视点透视：这种视点移动法，可根据写生者实际需要把画面安排成立轴式。

2）左右连续移动视点透视（也可叫做定点转向法）：即把视平线以内左右许多视域里的景物连接起来画成长卷的画法。

3）综合移动视点透视：这种画法比上两种画法更为自由，不仅可以上下移动，而且可以左右移动，同时还可以不按垂直和视平线要求自由地进行移动。

人类绘画的发展从某一个角度讲是以人们的时空观念的发展与变化为前提的。绘

画从二维空间逐渐进入了三维空间、四维空间，因此，中国传统绘画对视觉空间的处理是很值得画者去研究的。这也难怪当代英国美学家、艺术史家贡布里希会发出如此的感叹：“绘画的全部历史，就是将我们引向解放视点的历史。”换言之，整个视觉艺术发展史，也就是一部不断解放人类视觉的历史。

在速写风景中，从决定取景的角度到空间距离的表达，从探索一座建筑的体积到建筑结构的表现，都必须懂得和运用透视的基本规律。违背了透视的基本规律，画面就失去了真实感，就会使观者感到不舒服。因此，依据透视的法则去确定和检查各种线段透视的变化，这样景物的轮廓容易画准确，不至于出很大的差错。

透视角度的选择和视平线的确定，都应符合速写风景构图取势的需要。无论是仰视、俯视、平视或是散点透视，其目的都是为了突出主要的景物。在速写风景中，都应以画面要画什么、要突出什么为依据，通过仔细观察、认真比较，寻找更适合画意的恰当的角度画速写。

值得注意的是：在速写风景中，地平线的位置一般不宜放得太高，也不宜放置于画幅中间的二分之一处，以免画面有对截与呆板之感，一般将其安置在画幅偏上的三分之一处或偏下的三分之一处为宜。地平线稍低时，构图比较讨巧（见图2—45）。当然，这些规律还须根据表现的具体需要、具体画面具体处置。

图2—45　普陀山民居

# 第三节 速写风景画法

## 一、建筑物画法

画速写风景总是要画到建筑物的。

建筑物是矗立的绘画，凝固的音乐，也是时代及民族的象征物。

我国历史悠久，文化发达，名城众多，古迹丰富，园林优美，而建筑样式就是灿烂文化的重要标志之一。园林建筑较集中地体现了东方民族特有的审美观，它是速写风景中很好的画题。

在园林艺术中，建筑是纯粹的人文景观，山水包括花木则是人工模仿的自然景观。园林建筑构筑物的形式往往不是自然现象的再现，而是建筑艺术的创作。它有时必须作为配角和自然景物相融合，以点染、补充、剪裁、修饰天然山水风景，使其凝练生动而臻于画意的境界，且与天然山水景物浑然一体，相得益彰。就园林建筑而言，一般在园林中要有一个主体建筑，并以其体形、大小、高矮等因素作为考虑其他景物的出发点。一般都以建筑小品、其他建筑、道路、植物、水面大小以及分区规划等来突出主体建筑物。试看中国古典园林的建筑，无论其多寡，也无论其性质、功能如何，都力求和山水、花木有机地组织、统一在一系列风景画面之中（见图2—46）。因此，园林建筑是一种特殊的山水建筑。

图2—46 灵隐道上石莲亭

园林建筑的特殊性主要表现在造型线条简洁明朗、体量精巧玲珑、掩映在山水花木之间三个方面。

园林建筑审美构成的主要作用也有三个方面，即组织园林空间、组织审美观赏、独立造景。

园林建筑的类型相当丰富，是园林中利用率较高、景观明显、位置与体形固定的一个重要的园林要素。它具有双重的作用，除用于满足居住、休息或游乐等需要外，还与山池、花木共同组成园景的构图中心，创造了丰富变化的空间环境与建筑艺术（见图2—47）。

图2—47 高阁临春

不论是古典园林中的亭、台、楼、阁、厅、堂、馆、轩、廊、榭、舫、室、塔等建筑类型，还是名胜古迹中的宫殿、寺观、坛庙、陵墓、牌坊、桥梁、城垣等，以及不同公园里的具有不同使用功能的建筑，甚至是普通住宅及民居、府第，都是经过人工设计、建造而成的，各有其严密的结构与独特的外观。

画建筑速写时，除了要正确画出其结构外，还须对它的传统样式有所研究与领悟，更重要的是要表现出其特色。许多好的园林绘画其作品本身就是缩小了的园林建筑，它可形象地传达园林建筑的神韵，焕发园林建筑的风采，给观者以美的享受。

### 1. 画建筑物要点

（1）必须处理好透视。画建筑透视需感性与理性结合，也可夸张强调，但其外形的透视面一定要画好（见图2—48），否则画出来的建筑物就会不稳或倾倒。

图2—48　新建的钱王祠

（2）必须熟悉和把握各种建筑的结构、样式与特征。如建筑物长、宽、高的比例关系（见图2—49），建筑内结构屋顶、横梁、墙壁、门窗、建筑材料的特点等。

图2—49 法镜寺

（3）必须了解整个建筑物的性质。确定它的各种基本比例关系，甚至还要意识到那些看不见的部分等（见图2—50）。

图2—50 钱王祠戏台锦绣乾坤

建筑物的屋顶和门窗是建筑物的“精神”，即使是极为普通的住宅、民居也是如此（见图2—51）。屋顶和门窗的高低、大小与多少，都是由建筑物的功能、用途、要求所决定的，它往往是速写风景中重点描绘的部分。但也不能被建筑物的局部细节、甚至细枝末节所吸引，死盯一个局部易把关系画乱。

图2—51　中天竺民居

在速写风景中，要特别强调建筑物的整体感，要特别追求建筑物的总体精神。当然，要做到这种寓意性的概括是相当不容易的，它要求写生者必须有相当强的审美能力。

## 2. 画建筑物步骤

（1）选择最能体现建筑物造型特征的合适角度。根据要表现的目的，定好视平线的位置，把主体建筑物与主体景物安排在合适的空间层次中（即构图中心的位置），可用虚线示意出透视的点线。为保持建筑物的稳定性，还需注意画面上建筑物的重心（见图2—52a）。

（2）从主体建筑物画起，或从最感兴趣的部位画起，也可以从最主要的部位画起，逐渐向四周景物扩展描绘。速写时一定要注意建筑物的结构、比例、透视、造型特征及建筑物之间的相互关系，一定要注意照顾整体，始终强调其特征的表现与大的关系和气氛（见图2—52b）。

（3）根据意境和构图的需要合理地进行取舍移景，这样可以使主体更加突出、画面更加完整。

（4）在大效果的基础上对重点部位深入刻画，这样可以使速写风景的画面有虚有实，层次丰富（见图2—52c）。

图2—52a　画建筑物步骤一

图2—52b　画建筑物步骤二

图2—52c　画建筑物步骤三　（德）佚名

最后要特别强调的是：千万不要孤立地画建筑物，要把它看作是一幅速写风景画中的一个有机组成部分。

## 二、树木画法

一幅以园林、建筑为主体的风景画或设计图以及环境艺术设计效果图，往往要用几棵树作为陪衬，以此增加画面的美感。倘若这几棵树处理不当或者画得不好就会令艺术

表现效果大为减色。因此，树木画法历来为众多的画家与建筑师、园林设计师、环艺设计师所重视。

在开始学画速写风景的阶段就一定要十分重视画树木，并逐渐掌握它的一般特征与画树方法。

### 1. 树的结构形态

自然界的各种树木都有其本身的特点。

树的种类极多，形象变化复杂，即使是同类的树由于生长在不同的环境里常常也是各具面貌。在速写风景中必须善于捕捉树的姿态和动势，既要表现出树的共性特征，又要表现出它们的个性。

不同的树种有不同的特征，如球体、椭圆体、锥体、半球体、多球体、竖向多椭圆体、横向多椭圆体等（见图2—53）。此外，有的圆而密，有的圆而稀，有的较尖，有的呈不规则的形状，有的外形高而苗条，有的粗壮挺拔、树叶婆娑，有的呈放射性状等，也有用多个大小不同的同种形状或几种不同的形状组合而成的。

图2—53　不同的树种有不同的特征　国外作品

树的形状主要取决于枝干的结构。写生时，对树木生长概况要有所了解，但主要分析其结构。

（1）树木。树木按其外形可分为高大的乔木和矮小的灌木两大类。按其结构可分为干、枝、叶三大部分。凡树必有干，枝集中于干，小枝集中于大枝，叶子集中于小枝，这就是树的一般概念。

（2）树干。分为直立、并立、从生三大类。

（3）树枝。树枝也有三大类之分：

1）对生：茎之每节长有两枝，各长在相对的一边；

2）互生：茎之每节生一枝，上下邻枝彼此形成一定角度；

3）丛生：茎之每节生有许多分枝，没有明显的规律。

此外，又有向上、向下、水平、下垂以及向前后左右生长的区别。

（4）树叶。树叶的形状千变万化，多样有趣，其叶形有针形、剑形、羽毛形、手掌形、三角形、椭圆形，有的边似小锯、有的边光滑齐整，有的向上生长、有的向下生长、有的向四周生长等。

总之，画树首先必须观察、了解树的基本形态特点，选取理想的角度。着重先看外形，后看枝干，最后是树叶的形态。画枝时应从树干出发，画小枝须从大枝出发，画叶时必从小枝出发。就是说，画枝时，用笔的笔触必集中于干；画小枝时，用笔的笔触必集中于大枝；画叶时，用笔的笔触必集中于小枝。如此则可找到用笔的方向。常言道“画树必绕树之一周”就是这个道理。

要画好树就要对树的一枝一节都加以研究。最前枝还要画得特别细致些，用笔要符合树本身的粗细，小面服从大面，要找出树的生长规律。树干下部较明晰，树梢较模糊，主枝以外的枝干颜色可画轻些浅些，但结构仍须明确。只有仔细了解树的结构形态才能表现出丰富的节奏感。

### 2. 树干和树枝的画法

树干是树的主体，树干决定树的基本造型。画好树干就能传达出树的主要面貌（见图2—54）。

（1）画树当从研究树干开始。画树干着重于分析它的结构。有的树干较单纯，就是一个圆柱体形，画时应表现出其明暗交界线或是主要转折部的细节（见图2—55），否则易空泛。

而画结构复杂的树干，要界定出组成部分结构的起始点与终结点，即使有些部分不十分清晰，但画时必须分析到位（见图2—56）。

具体地说，要注意树的前枝与后枝的相互关系，以及枝条与枝条的穿插关系；要分清主次；要注意树与树之间的空间关系；要注意各种树的不同质感；要表现出树的透视关系；要注意树的体积（浑圆）。

图2—54　古木号风

关于树的体积明暗关系，可以用室内写生几何体时所学到的明暗变化规律来理解、分析树的明暗特点，大胆地概括树的体积明暗关系。同时还要注意树的体积面的透视。在确定了大的体积明暗关系之后，才能找出其中局部明暗的变化。

一棵树的所有树枝，不论其怎么高大，全部加在一起，它的粗细比例完全应该和它的树干相等（除了被砍掉树枝的树例外），这是文艺复兴时期最伟大的画家达·芬奇的精辟观察所得。

（2）树分四枝。中国画画树要诀是“树分四枝”。可以理解为，画树枝应有左有右、有前有后、有疏有密、有曲有直、有深有浅、有粗有细的变化。

具体地说，整棵树要画得有立体感，干与枝以及枝与枝之间的关系要表现出空间感；要防止仅向左右两侧出枝，要把前枝后枝以及左枝右枝的伸展关系处理好。否则画面就显得呆板单调，成了树的平剖面。

在画树干和树枝时要力求表现树的体积，要理解并表现出树枝前后的透视关系（见图2—57）。要画好树的透视关系，其关键在于明确视平线的位置。

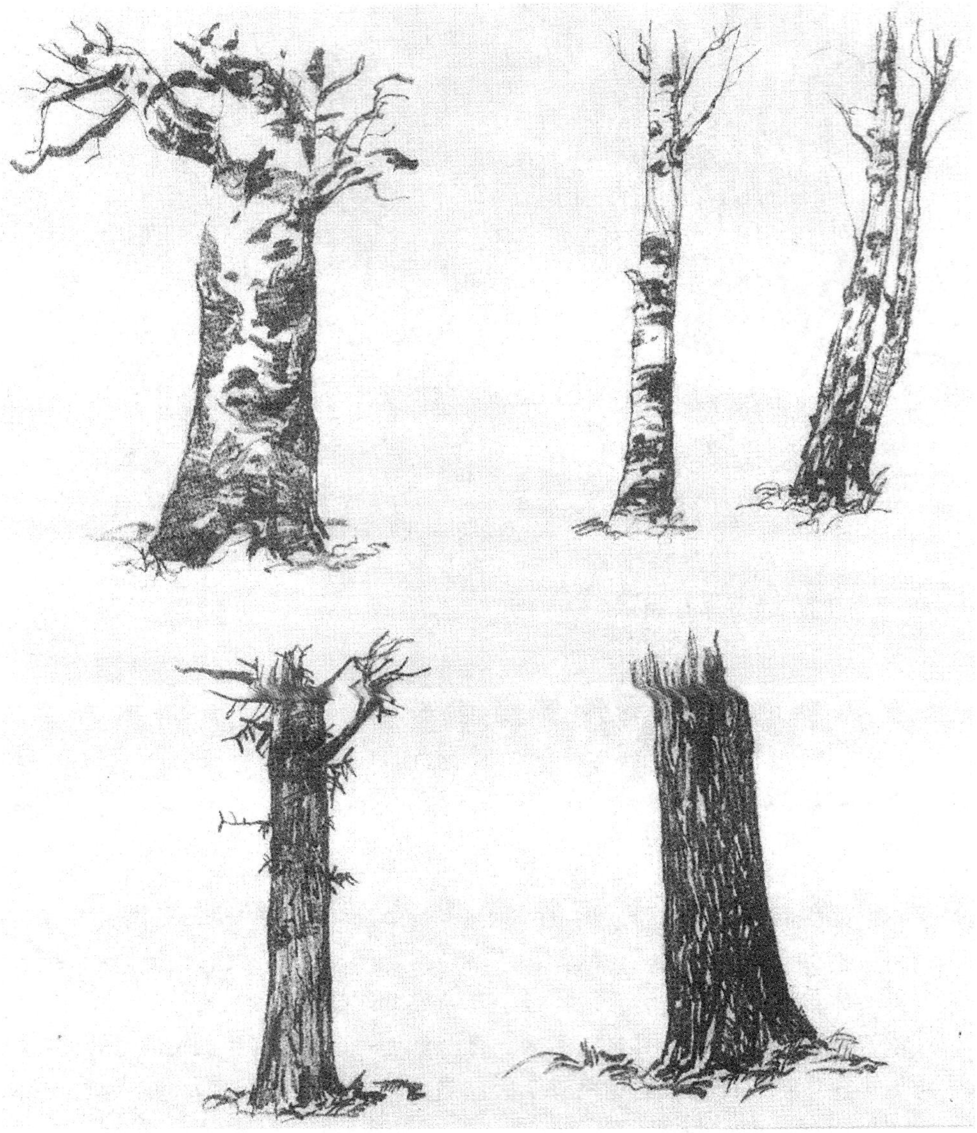

图2—55　较单纯的树干画法

（3）画树分四时。画树要注意其特点，东西南北中，生长规律各异；春夏秋冬，风晴雨露，时而不同，都须不断观察，不断研究。

### 3. 树叶的表现方法

树叶是树木的主要组成部分。树的枝叶繁多，画时最好分成几组，各组间要安排得疏密适当，且要有点、线、面的变化（见图2—58、图2—59）。

图2—56　结构复杂的树干画法

其具体的表现方法为：

（1）画树的姿态。应着重抓主要枝干、外形的动势和各组枝叶间的空白（间隙）。

（2）树梢部分。枝叶的尖端部分，尤其是轮廓边沿最突出的几组枝叶，往往反映姿态和其特征的生动细节，不能画得马虎，要认真描绘。

图2—57 树干和树枝的画法 国外作品

（3）树顶端或枝顶端的叶子。要画得比下面或树荫中的叶子淡些，因为它们直接受到天光多方面的影响。

（4）画有远近的树群。应先将近的树画得仔细些，其叶子的特征画得明确些，而远的树可只画大体轮廓与大的明暗面，这样远近的树群就有了区别。

（5）树的体面是由参差不齐、前后不一、受光不同的树叶所组成。

由于树叶的色泽一般较深，故在光照下其明暗的差别也并不很大，往往在树叶的大

图2—58　树的枝干和叶的生长关系画法　国外作品

片阴影面可能有些叶子上还照到阳光，而在受光面的叶子中间可能有些叶子缩在其间没有照到阳光。可见，树的整个明暗变化相当地多，它不同于一般平面的立体形象（见图2—60）。

图2—59　科德角上的槐树　（美）欧内斯特·W·沃特森

图2—60　纽约瓦哈拉古柳树　（美）欧内斯特·W·沃特森

### 4. 近景中景远景的树木画法

近景、中景、远景树木的明暗情况不同，其处理手法也各不相同。

（1）近景树木要画得前后层次分明、色彩丰富。近景树木要能看出各种树木的特征，树叶形象与细节描绘可画清楚些。

（2）中景树木要画得概括。中景树木要比近景树木舍弃许多细节描绘，更注重成片的刻画。外形画好后，可先画一基本色，在阴暗部分略加深色，勾出主干即成。因为，中景树木距离较远，看起来比近景树木淡且模糊，明暗层次、深淡对比都不如近景的树丰富强烈。

（3）远景树木要画得更单纯、概括。远景树木轮廓适当模糊，仅显露其外形，隐隐约约地有树丛的感觉即可，以显示空气感和深远辽阔的空间距离感。因为，远景树木距离更远，看起来模糊一片，难分清树干树叶，更谈不上看清树木的种类与特点。

画树木的用笔应有不同的表现，一定要分清近、中、远这三个大的层次。也就是说，画树的远近也一定要从全局来看，不要死抠局部，把关系画乱。切忌将不该画清楚的部分画得过分清晰，或将中景的树叶画到近景中来。

图2—61a　画树步骤一

图2—61b　画树步骤二

### 5. 画树的步骤

画树的整体造型时，一定要注意它的统一和变化。写生时不宜靠树太近，太近了顾不到整体，明暗关系的感觉也容易散乱。

画树应从头画起，直至树梢，这是取其生长之理，亦取其势。画树枝则以顺手为宜。

画树的具体方法步骤是：

（1）分析树种及其外形特征，选取其造型较好的角度，确定大的构图，并画出可见的树干和部分树枝及树木的基本形（见图2—61a）。

（2）抓住枝干结构，并进行整棵树的体面层次的归纳、塑造与描绘（见图2—61b）。

（3）深入刻画树的体积与叶的外形特征，既要突出树种的特性，又要有整体全局的观念，使画面主次分明、整体统一（见图2—61c）。

另外，画树时进行局部枝条的取舍也是很重要的。因为这样有利于强化其交叉复叠中的节奏韵律，同时也是理清具体画面构景脉理、突出画境主体的必要措施。

图2—61c　画树步骤三　（德）佚名

## 三、山石画法

园林艺术中的山石是自然缩景。园林假山则是真山的抽象化与典型化的缩移摹写。

“无石不园”，造园几乎离不开石。园林里的山，多是叠石成山，堆土成山，与单块的石、自然界中的土石山和天然“石林”不尽相同，按其大小与位置，可分为连贯全园的园山、某一景区院落的院山与单峰三类。完全可以这么说，叠山艺术（包括挑、

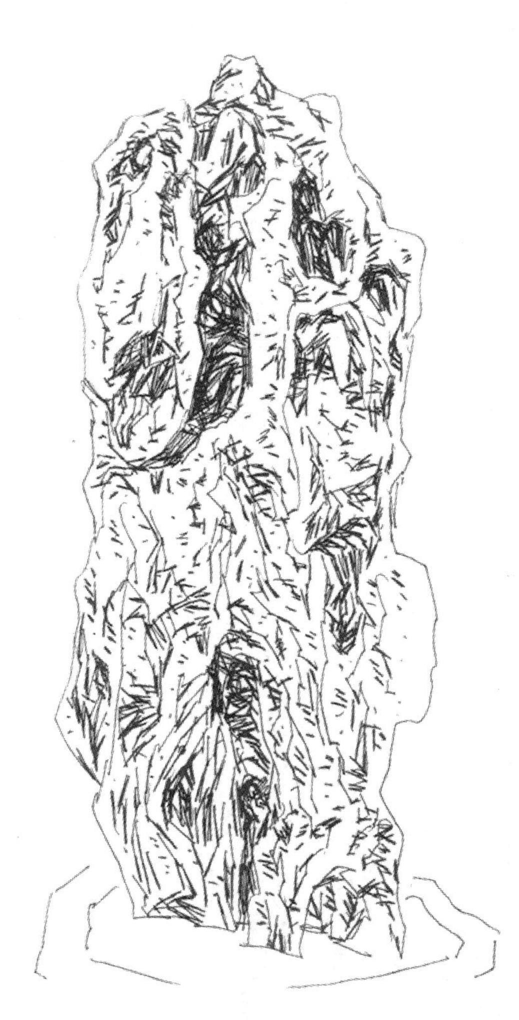

图2—62 北京明端府假山

飘、透、挎、连、悬、垂、斗、卡、剑等一系列的叠石技法），把借鉴于中国山水画的“外师造化，中得心源”的写意方法在三度空间的情况下发挥到了极致。由于园林中的山石都已经过精心的挑选与加工，故无不姿态入画，轮廓曲折，比之自然的山石更加美观。

园林绘画是园林艺术的二度创作，它既不能像自然山水，又不能照抄山水，而应以园林趣味画出自己的独特理解与情怀。因此，画山石是速写风景教学的一个重要内容。

### 1. 画山石要点

山石画法是速写风景练习中要重视的技法。它也是中国山水画中最受重视的技法。

山石画法的目的就是要运用各种技法把山石的立体感、重量感与变化形态表现出来，通过用轻重转折的曲线变化与长短、曲直、横竖、浓淡的皴法变化来表现凹凸阴阳的立体感和抒发画者内心的意趣。可以说，如果没有山石技法的成熟和丰富，就没有中国独特气魄的山水画（风景画）。

画山石要凭大的感觉，其关键在于：要得其神，要取其势。

画石是画山的基础。在园林艺术中，石是山的缩影。古人有言：“石为山之骨。”石画好了，画山也就容易了。画石的通常用笔为：从上到下，从左到右；先勾石廓，后皴结构；先画总体，后画局部。中国画画石要诀是“石分三面”，这是画石最基本的要求（见图2—62）。只要把山石的上、左、右，或前、左、右或上、前、左或上、前、右三面的“文章”做好了，山石的形态也就表现出来了。

原封不动地移用中国山水画画石的皴法、笔法来画山是一些学生容易犯的毛病，其根源在于忽视了山与石气势上的根本区别。

画山石的要点是：

（1）画山石的用笔要沉着，要显得概括有力，能够表现出山石的厚重感（见图2—63）。切忌把它的外形“围栏”死。

（2）画山石的线条要有力多变，要表现出山石的质感，让山石线条有转折且能连贯，以便求得气势上的承接（见图2—64）。

（3）一般岩石与假山均起落有角。而常被水冲击的石块表面较光滑，用笔则不宜太露（见图2—65）。

（4）近景地面的小块碎石要重点地画几块，或组成一个“灰”色调子。这对速写风景画面的构图有较大的作用，可打破前景地面单调而空虚的情形。

图2—63　狮子怪石

太湖石外形多变化，又有许多自然孔穴，形态多姿，生动可爱，自古以来就是中国园林建筑中不可缺少的装饰，是十分重要的中国园林艺术形象，也是中国传统绘画中经常采用和表现的传统题材。初学者须多临摹，多实地写生，分析其结构，揣摩其勾画的表现技法，体味其秀丽生动、玲珑剔透的神态，并学会将其融入于作品的诗情笔意与品格韵致之中。写生时还要特别注意线条的转折，避免画得过于呆板。

图2—64　江南名石苑英石

**2. 画山石的步骤**

（1）分析山石的基本结构和质感。画时要注意分析山石的空间层次、主次关系，还应考虑山石景物的整体气势，只有这样才能做到心中有数，落笔就会有把握（见图2—66a）。

（2）画山石主体和近处山石。画时要抓住其起伏、向背等结构特征和体积关系，还要刻画出它的质感、色感等局部特征和神态（见图2—66b）。

（3）画远处山石和次要山石的景物。画时要进行概括处理，还要注意山石大的起伏、大的转折关系和大的趋势（见图2—66c）。

**图2—65　绍兴鲁迅故居所见**

（4）注意山石的堆叠和山峦的走势。画时要强调山石起伏的节奏感以及在节奏感中体现的气势，如高低、缓急及虚实、明暗变化等，还有山石的体积关系、山体与地平面的垂直关系等（见图2—66d）。

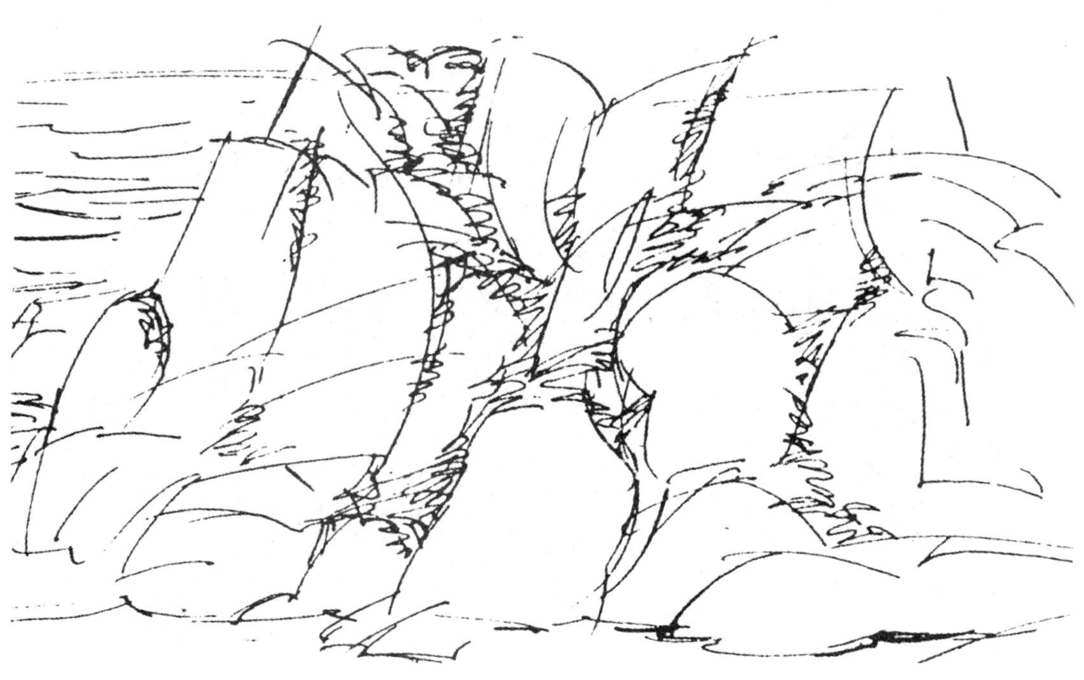

图2—66a　画山石步骤一

图2—66b　画山石步骤二

图2—66c　画山石步骤三

图2—66d　画山石步骤四（局部）　（德）佚名

图2—67　西天法界

图2—68　永嘉山水

山石的堆叠本身就隐含着一种节奏的美感，而由具有节奏美感的山石所组成的整座山就呈现出一种大自然的造型美。因此画时，既要注意表现山石形态的美，也要考虑山石之间的组合关系，更要把握好山峦整体造型的美（见图2—67）。

凡山峦均有走向，而山脉就是众多走向一致的山峦组合。这个走势在中国山水画里被称作“龙脉”。要画好整座山峦，就必须在把握好“龙脉”走向的前提下，经营、安排好大小相间的山石造型与具有节奏美感的山石堆叠（见图2—68）。如果不懂得这个道理，所画之山不是“馒头山”就是“笔架山”，毫无美感、毫无生气可言。

图2—69　**大若岩石门台**

由于空气透视等原因，山顶一般要画得清晰些。然后，要分析山峦结构，画出山的阴阳脉络，山腰要有虚处理的部分，阴阳两坡的对比要弱于山顶与山脚，这样可以避免罗列现象，表现出主从关系（见图2—69）。

只有“搜尽奇峰打草稿”（清・石涛语），同时领悟好自然山川的造型美与节奏感，才能将山石表现出生动的效果。

## 思考与练习

1. 入手画速写风景要注意哪几点?
2. 简述速写风景的形式及其表现手法。
3. 简述速写风景的步骤。
4. 速写风景的表现方式有几种?
5. 简述如何取景以及找好角度后又如何去处理表现。
6. 速写风景的画面构图法则主要有哪些?
7. 速写风景构图的基本要求是什么?
8. 如何突出主体?
9. 何谓布局均衡?
10. 怎样强调对比?
11. 何谓取舍移景?
12. 为什么说S形构图是画面最好的结构、最牢的结构?
13. 视觉透视的基本规律是什么? 画速写风景如何选择透视的角度?
14. 在速写风景中根据画面表现的需要如何选择不同的视平线位置?
15. 简述园林建筑的特殊性及审美构成作用。
16. 简述画园林建筑物的要点及步骤。
17. 简述画树干、画树枝、画树叶的表现方法。
18. 画近景、中景、远景树木的处理手法究竟有何不同?
19. 简述画树的方法及步骤。
20. 简述画山石的要点及步骤。

# 第三章 线描花卉

**学习目标**

◆能够运用正确的观察方法审视线描花卉写生的对象。

◆了解如何挑选线描花卉写生的角度以及如何把握花卉的姿态。

◆掌握线描花卉写生的方法。

## 第一节 概述

线描，即用线来描绘物体的形象。它主要靠笔致和线条造型，虽有其局限，但却比其他画法更能迅速明确、深入肌理地掌握花卉的形态。

线描花卉，就是利用线条的流畅、挺拔、古拙、苍劲和粗细、轻重、虚实的变化，以及顿、挫、疾、徐的技法来概括和表现花卉的花瓣、枝干、叶的形状、质感和神态。在中国传统绘画中，线描花卉又称为白描花卉。

白描，即中国画的素描，就是用线条来描绘、表现对象的形状和结构，不用色或以淡墨稍加渲染的作品。白描最初只是作画的稿本，但因内容、形式的完整性使其具有独立的审美价值，最终成为中国画中一大独立的形式，并促进了中国画的发展。

东方艺术是线的艺术。在中国绘画史上，线条自古至今都是中国画画面构成的最重要的手段。线是中国画最基本、最主要，也最重要的技法之一，同时也是画家抒情、寓意的媒介。它作为一种造型语言，具有刻画外形特征、揭示内在结构理趣的功能。同时，线条作为一种情感表述的视觉形式，线条的形态、走向及其结构形式总会带有画家某种心绪流动的行迹。东方独特的绘画语言——中国画线条具有无限的魅力。线条的表现形式及其丰富的审美意蕴，已成为中国画显示其东方美学精神的本质特征。

现代艺术也把线视为一种极其重要的艺术表现手段。它具有两种内涵：

其一，线本身的不同形态的心理价值。这是由于工具、方法相异而形成的形态会引起不同的心理感受。

其二，线具有不同地域、国家与民族、种族以及文化、历史的含义。

不言而喻，高妙的线条本身就具有生命力，它不仅界定了对象的形态，而且还赋予了对象生命。线条自身的变化与组合搭配，如轻重粗细、长短曲直、抑扬顿挫、疾徐畅

滞、顾盼呼应、疏密虚实、方圆刚柔以及干湿浓淡等，都极须讲究。不同对象的质感，要用不同的笔法来表现，不同的线是为不同质感的对象服务的。它犹如音乐的节奏感与韵律感的生发。当然，线条更重要的是要表现物体形象的造型美，促成形象的准确、生动与深刻。磨炼线条，把握笔线交搭配置的特有技巧，增强其表现能力，对线条的研究和运用，便成了画家一生致力的工作。

花卉是美的造化，是画家永恒的画题。花卉的绚丽色彩，多变的造型，更令画家情有独钟。而画家通过画花，或寄托性情，或诉述怀抱，或感怀时事，将花由自然形态的概括提炼转化成具有人格化的艺术形象，塑造各种不同的风格与意境，使人回味无穷。

## 第二节 线描花卉基础知识

### 一、线描花卉的临摹与写生

学习线描花卉一般从临摹、观察与写生入手。临摹、观察与写生又是相互结合的。

线描花卉是我国的传统绘画。要继承和发扬这一门有着悠久历史的传统艺术，就要通过临摹来学习传统的表现技法。观察和写生是理解花卉植物的形状特点、组织结构、生长规律以及季节关系。初学者如不进行临摹，则缺乏前人的经验，作品缺少传统的表现技法和构图特点；如只临摹，而不到现实生活中去实地观察与写生，又会束缚于前人的作品，既不易创新，也难以形成自己的风格。

临摹和写生，这两者都是学习线描花卉基本训练的缺一不可的正规途径。

#### 1. 线描花卉的临摹

中国传统绘画讲究临摹，并主张从临摹入手。其目的是学会一些传统的表现技法，即从临摹中去学习老师、前人是如何反映生活，如何经营位置，如何用笔用线，如何用墨设色，如何处理和表现对象的技法。

临摹的要求是要似、要像，直至达到逼真、乱真的程度。

临摹的方法有摹临、对临以及局部临摹、背临与完全复制等。

临摹有两个步骤：

（1）看

临摹一张画稿前先要看，即所谓“读画”。

1）认识它是什么内容，是什么花。

2）研究它是如何用笔、用线的。

3）研究它是如何布局、安排构图的。

“看”就是要先了解它、理解它，做到心中有数，就是要首先锻炼欣赏能力与分析能力。

（2）临

1）摹临。摹临主要用于中国传统绘画的勾线，即先用拷贝纸或透明纸将原稿的结构用线描下来，再铺于宣纸或绢之下，照着原稿的用笔用线把它画下来。

2）对临。对临就是把原稿放在对面或左面，按原稿的样子去临摹。

临摹就是为了掌握尽可能多的、好的表现方法，特别是各种用笔和用线的方法。临摹时要分析研究，学习其用笔的方法、线条的处理、构图的特点。

① 摹：易得其形，而宜失其神。摹虽有收获，却易于忘记。

② 临：易得其神，而宜伤其形。临收获颇多，且易于巩固。

临与摹应结合使用。我们的着眼点既然是学习方法，自然就不必着意将作品临摹完整，更不必斤斤计较于临摹过程的得失。有时不必整幅临摹，而宜作局部、分解的临写，以分析理解得之于心，以临摹练习应之于手。而是否真有所得，还要看是否真的自用，是否真能应用于写生。

临摹是写生的先导，它只是学习表现技法的手段而不是目的。

## 2. 线描花卉的写生

写生是比临摹更不可少的学画手段，而且是更有效的训练方法。写生是依照具体的物体形象来描绘、表现。它也是中国传统绘画学习的重要手段之一。

线描花卉写生主要是为了收集素材，熟悉、观察、分析和表现花卉形象的结构特征。写生者接受自然的真气，其主要目的也是以自身的感受来判断，再以艺术的手法来表现所感受到的印象。故作线描花卉写生，要带着画家的眼睛去观察，撷取需要的物象成为艺术的形象，并大胆地夸张、取舍，用精简、提炼的笔线描绘和表现出瞬间的动态。

初学者练习阶段的线描花卉写生也应如临摹，意不在画而在于法。起初，也可以不求其完整，或画一个折枝，或取其一朵花、一组枝叶。花卉写生宜分阶段进行：

（1）先作花卉的局部写生，如一朵花的俯仰正反，一片叶的转折透视，枝干的交叉等。

（2）接着作折枝花卉写生。

（3）最后作构图性的花卉写生。

所谓“构图性”的花卉写生，是根据实际的花卉对象边画边组织构图，最终形成其一幅较完整的花卉写生艺术作品（见图3—1）。这种构图性的花卉写生，不拘泥于某一株花卉，而是根据构图需要，在同种类而不相同的几株花卉中选择其中最美的进行取舍。写生者通过这种形式的花卉写生练习，能灵活掌握花卉对象的形象特征及其生长规律，能提高组织实际花卉对象的能力和构图的技巧。

总之，初学花卉写生宜先简后繁，循序渐进。

1）临摹—写生—再临—再写。如此往返，且出入再三，必会学有所得。临写实之作，以写实手法写生，是线描花卉学习的正路。

图3—1　为报平安四季来

2）要“熟”、要“勤”。“熟”，即对花卉临摹、写生的对象要熟悉，要理解；“勤”，即勤学苦练、拳不离手、曲不离口，包括临摹、写生乃至创作练习等。

## 二、选择角度

### 1. 要进行全面的观察

线描花卉写生前要对花卉写生的对象进行全面的观察，要从根到梢、从局部到整体、从姿态到气势，由表及里地从四面八方进行观察。

每一种花都有它的季节性、生长规律及特点。一枝花的形成从嫩芽到生长枝叶，从结蕾到开花结果，在整个过程中是逐步生长变化的。因而在写生前必须对花卉神态进行细致观察，务必要摄其神。

在进行了详细观察，对花有了总的认识后，还需要注意：

（1）不能不加选择地进行照搬，要细致地观察，选择那些比较入画的花朵、枝叶进行加工。

（2）要以写实主义的观察方法来审视对象。在线描写生中虽然有取舍、增删及调整，但一般都要严格地把握花卉生长存活的真实过程，决不违真失实。画者在审视花卉时，要了解其结构，挑选好角度，掌握好姿势，从视觉形象出发记录性地描绘花卉。

### 2. 要选好入画的角度

作线描花卉写生很重要的是选择好入画的角度。在动笔写生前不妨先在花丛中多方向地转转、看看，挑选合适的造型对象和恰当的表现角度。

（1）有的花宜于仰视写生。这就要懂得我国人民看花赏花的习俗，如画下垂的花，应采用仰视写生才不会使其垂头发蔫（见图3—2）。

图3—2 暮色中的深山含笑

（2）有的花宜于俯视写生。因为有的花只有俯视才能看见其花蕊（见图3—3）。

图3—3　无上红

图3—4　雪韵

（3）有的花则适宜于画正面或八九分的侧面。线描花卉写生时，要看准选择入画角度的花的大轮廓，由近及远，由前至后，由中至外，一片花瓣一片花瓣地画（见图3—4）。还要特别注意：每一片花瓣须包紧花心，使其有结蒂连心的感觉（见图3—5）。

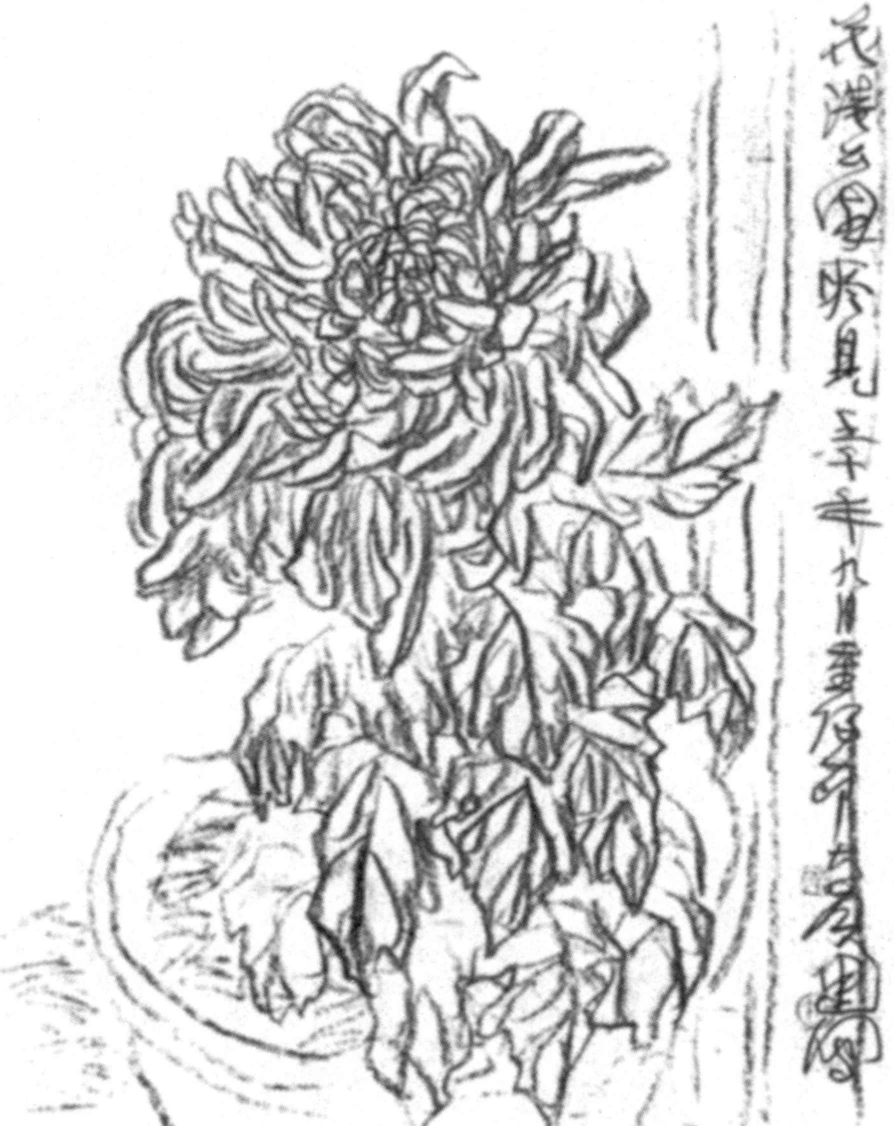

图3—5　花港公园所见

## 三、布局、出枝

中国传统花卉画以折枝入画，多挹其趣；而西方静物画瓶花往往以瓶插带束，多取其真。两者相比较，画折枝实高人一筹，尤宜于表现文人乃至画家蕴藉含蓄的趣旨。

黄宾虹先生曾云：“画花卉要有情趣。”又告诫后学者：“画花草，徒有形似而无情趣便是纸花。”如果说画风景重在“取意”，那么画花卉重在“取趣”。

花卉写生往往取其局部或一角，或半边，或特写其中的部分，画面可伸可缩，自然饱满，气氛也容易调度。

### 1. 布局

布局即构图，就是安排画面。中国传统绘画称其为“章法”，即中国画论“六法”所讲的“经营位置”。由此可知，位置的安排是要经过一番苦心经营筹划的，每一位有经验的画家都格外重视布局。

从高层次、深层次上说，不能简单地把布局只作为形式上的一种手段，而要将其同画者的立意与作品的意境、气韵相关系。

（1）布局是画面给观者的“第一印象”。一幅画的布局处理不当，就不能达到美的、

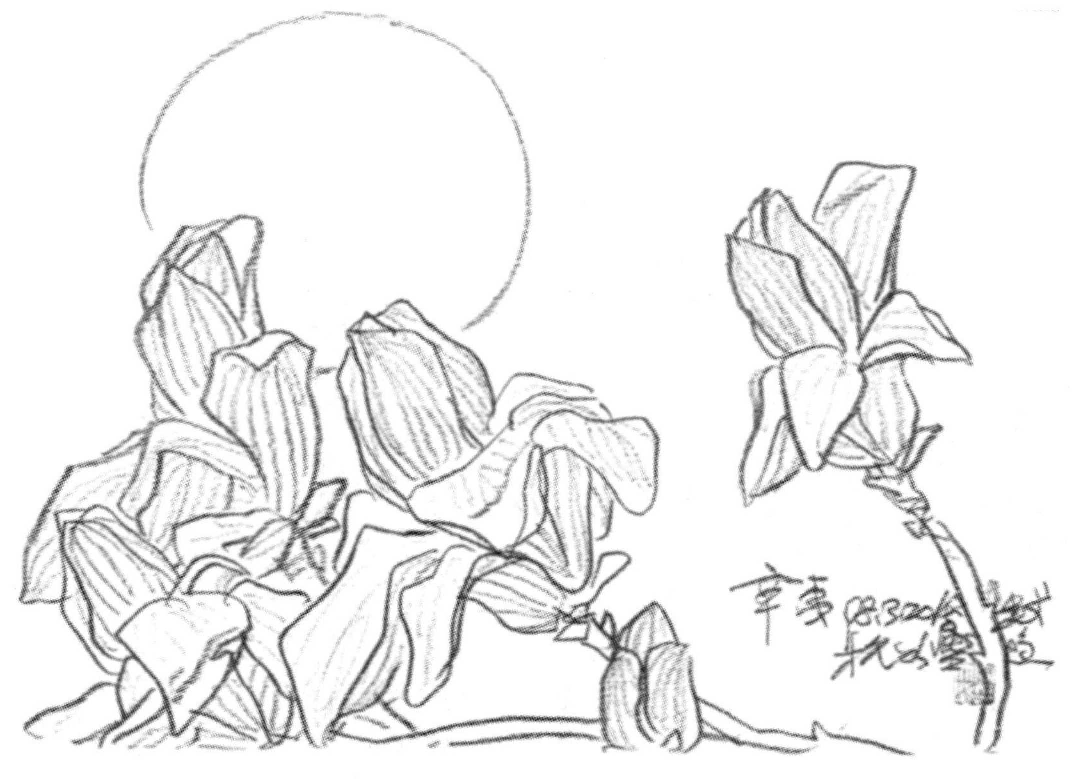

图3—6　月下辛夷

感人的艺术效果，相反会使人感到不舒服。临摹是学习线描花卉的入手，要学习它的用笔用线，更要学习它的布局。因为，布局是否得当往往决定着一幅画的好坏与成败（见图3—6）。

1）布局前首先要立意。通俗点说，即构思写生的内容。古人所谓“意在笔先”便是此意。

2）布局时要考虑主次、虚实、聚散、疏密、参差、轻重、藏露、层次等，同时要考虑画面的留空、留白，有的上面空天，有的下面空地。

3）布局中还要求在不平衡中取得和谐，变化中求得统一，最忌散漫、杂乱、迫塞、平均与对称等。

4）布局好坏全在得气、得势。气与势，多不厌满，少不嫌稀，密不透风，疏可走马。而写生布局是千变万化的，故须运用得体（见图3—7）。

**图3—7　灵峰扁豆**

（2）作品初步完成后要推远审视。要检查画面的整体布局、整体效果如何，哪些地方应该再加强一点，哪些地方可适当地减弱一点，哪些地方要再加几笔，哪些地方要再减几笔。此外，还要注意疏不嫌稀，密不嫌繁，花与花的关系要处理得当，花与花要有呼应，大小要适当。如相同的花朵不可以画在一起，稠密的叶子应有些疏枝等。这个收拾与整理的过程，也是花卉写生中不可缺少的一环。

### 2. 出枝

出枝即主干的起止、转折与走向，它起着确立画面布局基本定势的作用。借此分枝、开杈、布叶、着花，以成姿态。出枝要点有二：

（1）主干斜出，枝茎周伸，最易入画。

在线描花卉写生时，要画好由里向外伸展的枝干，并以枝取势，画出景深，这样容易出效果（见图3—8）。主干直上，枝或叶茎左右伸展，虽然容易画，但过于平整，失之单调。干，切忌左右居中；枝，切忌平行匀称。当然，如果主干直上，而枝与枝或疏或密、或穿或插、或枕或倚，倒也别致。

**图3—8　初夏清趣**

（2）枝干穿插要特别注意轻重、主次。

要先画处在前面的主要枝干。再看画面的需要，用轻淡的笔画出后面穿插的枝干，以衬托主体（见图3—9）。

中国传统花卉画一般不用陪衬景物，也不作实境衬托，不多画层次，一般只画一个层次，也少用景深，只着眼于平面效果，往往仅以一二折枝完成构图，画面较简洁明快，清静淡雅，多为即兴之作。

图3—9　春不老

画者作线描花卉写生，有时也可趋繁，或作别种取舍、剪裁。

## 四、分杈、布叶

### 1. 分杈

初学线描花卉的写生最容易犯的毛病是常常画得枝不附干、茎不附枝。

枝杈初出处，枝干或粗或有节，与其他部位明显不一样。分枝或叶茎起始部分则不单粗重，且各有形态。

许多花卉，不论木本草本，干因为枝，枝因为茎，都不同程度地呈现出某种类似竹子的形节，并在“节”处不同程度地弯折。有许多花卉，枝、茎的伸展走向，正好是主干的弯折趋势，此处一般不宜重点描绘，也不宜仔细刻画，只需要用笔简约而不草率，写形准确而不呆板便可。

### 2. 布叶

在供观赏或实用的草木里，可以看到枝叶美于花朵的品类，如将其入主画面则别有一番情趣。

一般来说，除了早春那些落叶类的花木，绝大多数花卉的叶子在画面中所占的面积均较大，但它对于花却始终只是一个配角。

（1）许多花叶的形态变化往往要比花朵丰富。花卉叶子既有常态的正侧翻转，又有非常态的在风雨和虫害状况下变化了的、更生动的势态，还有叶形、叶筋和脉络的类似图案装饰的线条组合。

花叶不仅以其个体的姿态形状美丰富了画面，而且更以叶与叶、叶与茎、叶与枝、叶与干形成的构架和块面全力扶持花朵，完整了画面（见图3—10）。

（2）要发挥花叶的扶持作用。这就要求处理好花叶在画面上的位置和形态。枝干生长颇具形态之美，但入画仍须细心寻觅，精心挑选，甚至有待于写生者的增删与整理。

自然界叶与花的配合一般都较协调与妥帖。无论是草本、木本或藤本、蔓本，常绿的或落叶的，宿根的或球根的，土生的或水生的，阔叶的、窄叶的或针叶的，还有各类农作物，花因叶绿更红，叶因花则更鲜。红花虽好还须绿叶扶持，更何况花与叶总是相连的。花的偃仰之势，也是由叶的姿态形势来表现的。

图3—10　花烛

画家画花一般只画将谢之花，而不画已败之花，画时还往往会画上几片残叶破叶。一是写实，二是求变，三是以所谓陪衬部分的“残缺”来衬托主体花叶的健美（见图3—11）。

因此，在线描花卉写生中没有理由只重花朵而轻其枝叶。

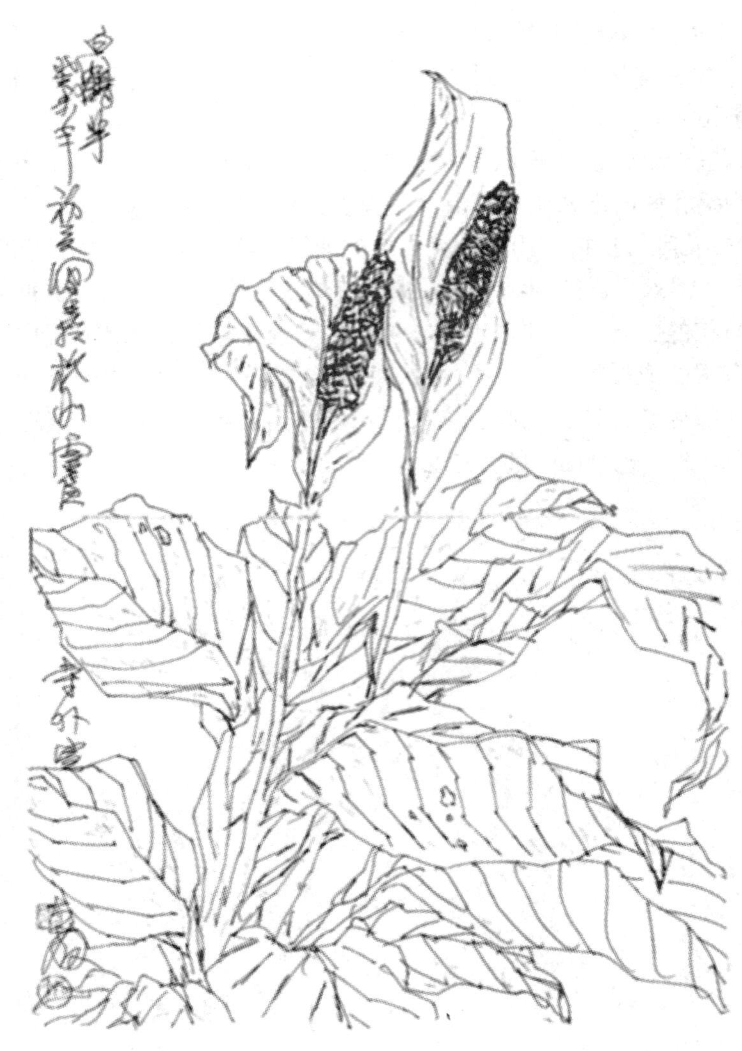

图3—11 白鹤芋

## 第三节 线描花卉画法

画花是线描花卉写生的重点。

一般而言，花总是美的，写生者只要努力再现它就可以了。但绘画不同于观赏，有些花花色虽美却不入画，这就需要根据绘画艺术的特点加以取舍、概括，突出其本质特征。花是多样的，同一种花也各具姿态，更何况是不同品种的花。因此，只有画出每朵花的特色才能更好地表现花之美。

通常人们都爱看也爱画花形较大的花卉，如牡丹花、玉兰花、月季花、芙蓉花、荷

花和菊花等。这些花含苞时如处子天真，欲开时似未嫁销魂，盛开时光彩照人，将谢时风韵犹存，可谓风情千种、仪态万方。线描花卉写生时应胸有全局，运用严密、清晰的线条，尽量客观地展现这些花朵的视觉形象，描绘它们千姿百态的神韵。一般硕大的花还多俯垂，此虽在物理，但不足为画家法。

至于梅花、桃花、李花、杏花之类，花朵不大，变化不显，作线描花卉写生则要注意避免概念化。其实，这类花朵不大的花也一样有着变化，或更有一种含蓄的美。写生这类花一般还要注意花蕊、花托的表现，重视花朵的疏密、花蕾叶芽的点置，以加强画面空间上的节奏。

## 一、花卉的组织结构

凡花卉都由花、叶及枝干三个部分组成。

### 1. 花

花之季节不同，花型之大小形状也各异。

（1）花头。有大型、中型、小型之分。

（2）花冠。有圆形、尖形、蝶形、十字形之别。

（3）花朵。由萼（包括花托）、瓣、蕊三个部分组成。

1）萼（花托）：画时下笔要在瓣与瓣的中间，那种含苞未吐的尤要包固，这才合花卉的情态。

2）瓣：花朵不论大小，其瓣均有单瓣、复瓣之别，花形则有离瓣、合瓣之分。

3）蕊：蕊有雌雄、长短、多少之分。

蕊与萼，实为二法。蕊出于花心，为须须劲健，为点须圆浑；萼在花之背面，正面全开之花不见萼，侧面背面之花始见之。

### 2. 叶

（1）叶。有单叶、复叶之别，还有互生、对生、轮生、丛生等不同的组织结构。

（2）叶的形状。有尖、团、长短、分歧、缺刻等。

### 3. 枝干

枝干分木本、草本、藤本及蔓本。

## 二、线描花卉写生步骤及要点

作线描花卉写生，画面花的大小最好接近于被描绘的对象，并注意花、枝、叶的比例关系。同时要选好花卉对象的描绘角度，确保画面结构清晰（见图3—12）。

图3—12　四时春

### 1. 画花朵应从花心花瓣入手

（1）先画最前面、最完整的一瓣。

（2）依次将花心、花瓣画完。

（3）层层包围叠加，逐渐向四面扩展，画成一个花朵的整体。

花瓣之形变化颇多，有尖、圆、长、短、宽、窄、巨、细、曲、直、折、卷、锯、缺等。线描花卉写生时，须依其品类加以比较。写生落笔要分轻重缓急，花蕊附近的花心花瓣下笔要肯定，其轮廓线要表现出花卉的柔美神韵。亮面少画细节，暗面用线要放松，这样才能画出花朵的整体感。总之，蓓蕾繁花均须有生长的意态。

此外，花还有有心与无心之分，花瓣平开如镜者往往有心，四面高堆攒起者往往无心。无论有心之花，还是无心之花，画花时都要识其心中所在，依据透视原理逐瓣绘画。

这里要注意的是，画面上的每一片花瓣看上去都要生在花枝上。

### 2. 添花蕊

花与蕊宜含放相兼。

（1）花蕊要跟随花须长短变化，做到错落有致。

（2）花须要整齐又有变化。

花蕊在前人的一些画作里常常被忽视，写生者作线描花卉写生时一定要多加留意。

### 3. 画花叶

叶是承接枝干和花的关系。画叶之法，必由枝生。叶承花下，花乃有情。花叶配合得法，方合画理。正可谓：花须低昂，叶须偃仰；花须掩叶，叶须掩枝。画花卉往往无全枝。

画花叶要先画主要的叶子，画最前面、最整体的叶子。必要时，花叶也可擦些暗部，使之看上去有立体感。

（1）画叶正面，用笔宜重，用线宜深。

（2）画叶反面，用笔宜轻，用线宜淡。

（3）叶少者，宜间以反叶。

（4）叶多者，宜间以掩叶。

（5）大叶，画时宜平铺。

（6）长叶，画时宜折叶。

还要注意：画花瓣轮廓曲折的花，要用花叶的密来衬托花瓣、花朵的疏，让花叶和花瓣的曲线互相映衬。

### 4. 画枝干

花之花叶全赖枝干举出，故画枝干的方法不可轻视。枝干用笔用线要顿挫曲折，又要含有挺健之意。

（1）主枝线条宜劲，傍枝宜嫩，根下宜老，更要柔不似藤，劲不类刺，偃而不垂。

（2）枝须穿插而不杂，干须挺拔而不弱，根须交加而不比，更须顾及花与枝干的映衬作用，使主干花叶之间达到有机的联系与笔线关系上的和谐。

多数花卉在早晨或上午比较清新，且生气勃勃，因此作线描花卉写生以这段时间进行为佳。

开始不要画大的尺幅与复杂的构图，可以只画花、叶、枝、干等局部，花包括花瓣、花萼、花蕊、子房，叶包括成叶、嫩叶，枝干包括粗干、细干等。

花的造型复杂多变，线描花卉写生中不能看一点画一点，而应整体观察，总体处理。一株花，一枝花，哪怕是一束花，都要有前后左右、仰承俯合的关系，且一定要分组去表现，使一枝一叶一花一蕊各得其致。同时，只要重点画好前面几朵具有代表性的花即可，其余均可作淡化处理。

## 三、线描花卉写生要注意的问题

### 1. 花瓣要进行概括

（1）过于复杂的花瓣，写生时更要进行概括。不够完整的花朵，还要把它画完整（见图3—13）。

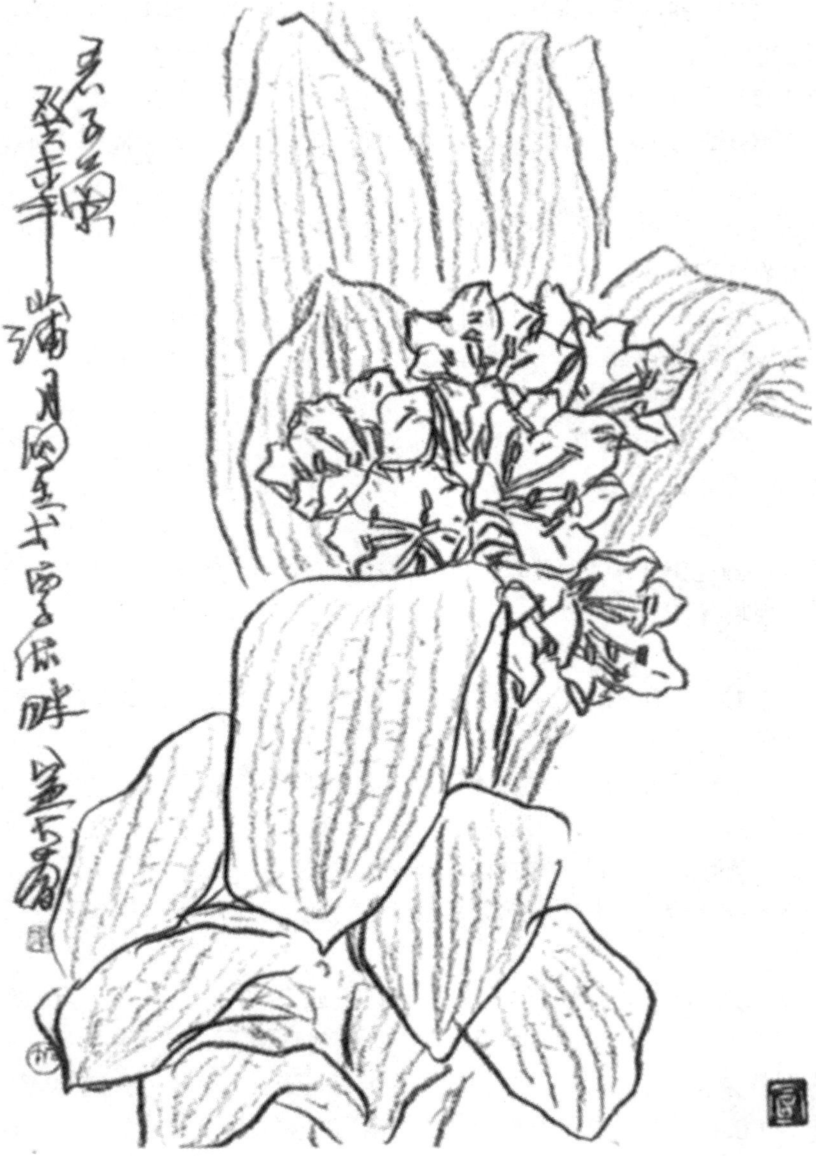

图3—13　西子湖畔君子兰

（2）花瓣宜大小、长短相间，同时还须宽窄相调、疏密相济，切不可平均。短促笔线也要有来龙去脉，且须一气贯通（见图3—14）。

（3）花形不要画得太圆。花形一般都是圆的（有几种花除外），但画时除正面外都不应画得太圆（见图3—15）。所以作线描花卉写生一定要选择好的角度，这一点很重要。

图3—14　春酣

图3—15　广玉兰

2. 花瓣处理要有变化

（1）花瓣要随着花头的正侧俯仰而展开。若每瓣均画得攒心连蒂，则花形自然圆整、可观（见图3—16）。

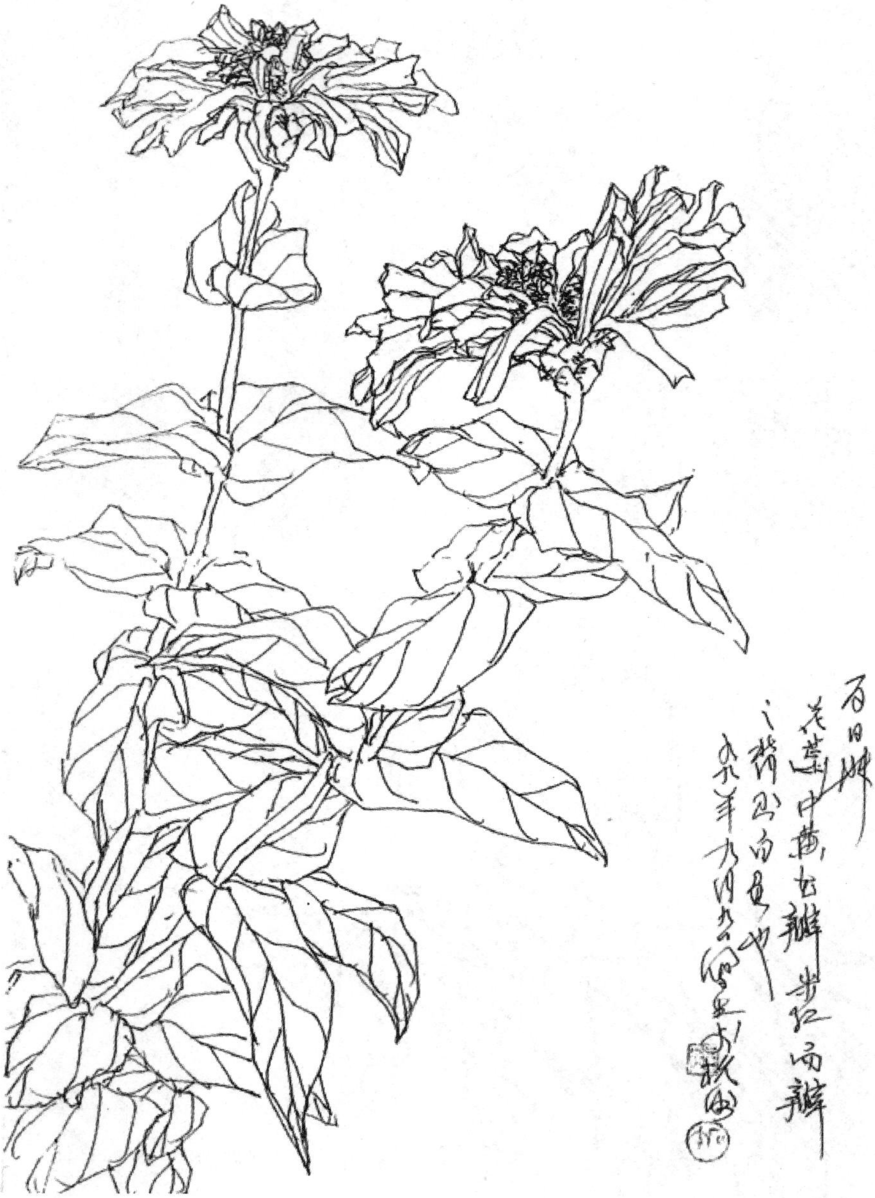

图3—16　百日草

（2）在描绘、处理花瓣上的高低、凹凸及边缘锯齿时，不能平均对待，要有变化

（见图3—17）。

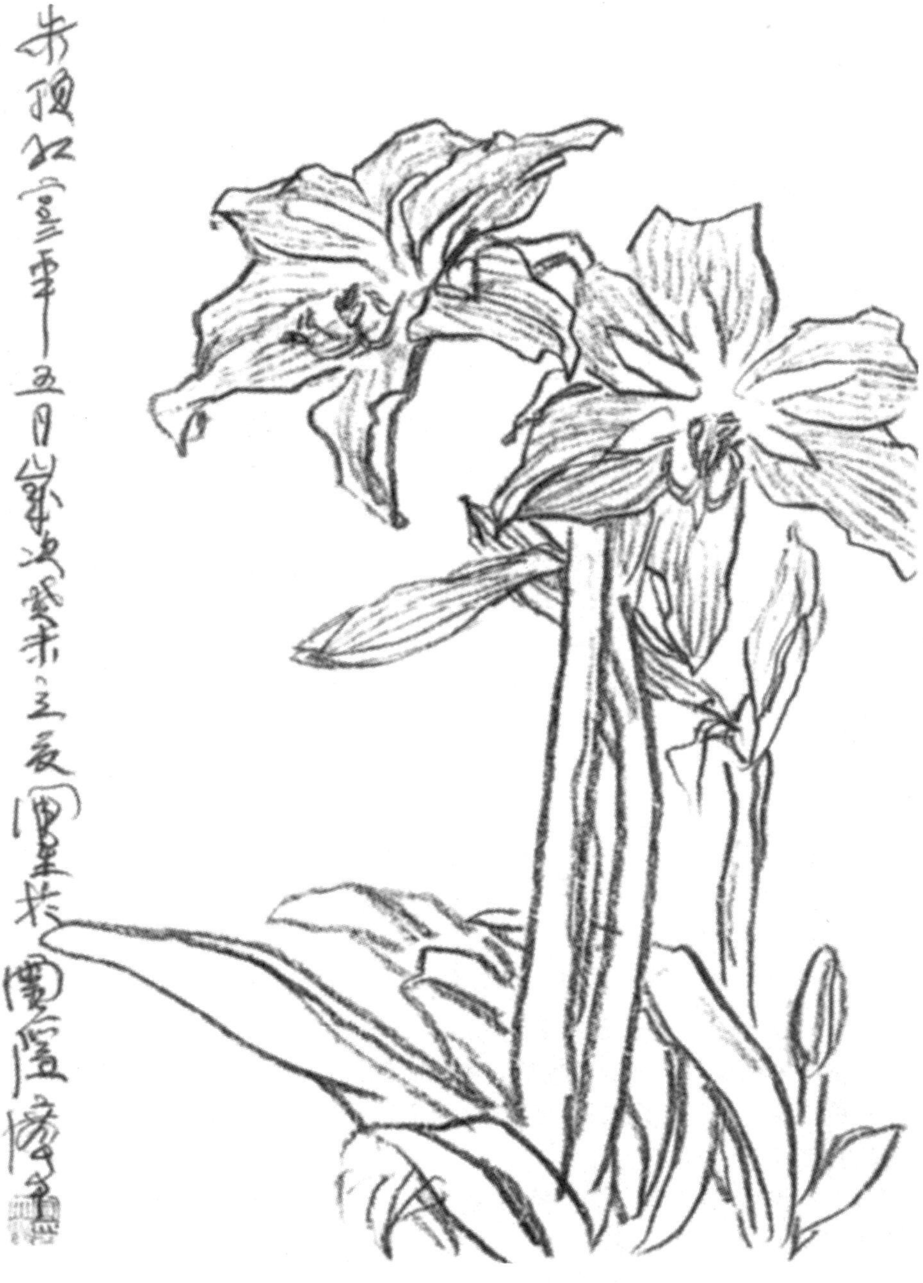

图3—17 朱顶红

（3）各花瓣间的笔线要虚出虚入，不可粘接交连。否则，全花结构板实，不能圆满（见图3—18）。

图3—18　太子湾里的郁金香

### 3. 画花须知画蕾

（1）花有全开、半开、初开、将开、未开之别，将开未开者谓之花蕾，画时须圆活有生气（见图3—19）。

（2）花蕾在半放、初放、将放、未放之时，其姿态各不相同。半放者，侧形见蒂，嫩蕊攒心，须具全花未舒之势。初放者，则翠苞始破。

### 4. 画蕾须知生蒂

（1）花之为花为蕾，皆生于蒂。蒂结枝承花，足称关键（见图3—20）。花头虽别，其蒂皆同。虽系各色之花，而苞蕾均为绿色，若将放始可少露本色。

（2）有的花蒂数层相叠，极有精神。作线描花卉写生，用笔用线须厚实严密。

（3）有的花纵然衰枯，仍有瓣不飘零、蒂不落，亦花蒂之功欤。

### 5. 要注意花叶的特点

每种花的花叶有其自身的特点，有互生、对生、轮生、丛生之别。在线描花卉写生时，对花叶的形状一定要细心观察、多加注意。

（1）花叶有仰、垂、向、背以及成叶、嫩叶之分（见图3—21）。

（2）叶筋要有主筋、小筋。画叶时，叶筋也非常重要，它可以分出正、反、平、侧。但写生时最要注意疏密得宜，观察叶的大小疏密，随意加减，掩映钩筋，自然可避免雷同之弊（见图3—22）。

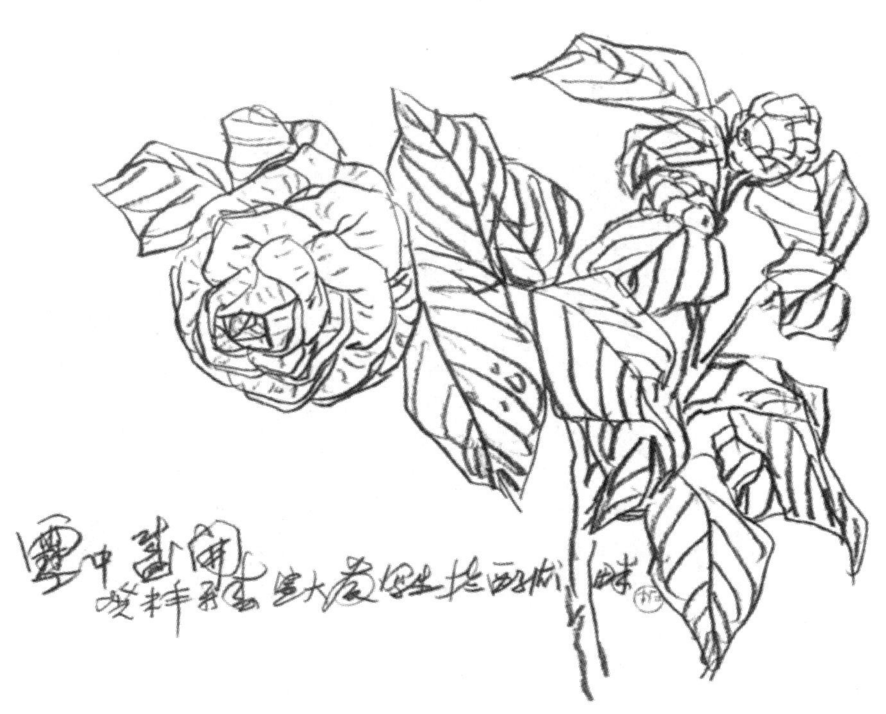

图3—19　雪中盛开的山茶花

图3—20　玉雪香清

图3—21　盆栽鸡冠花

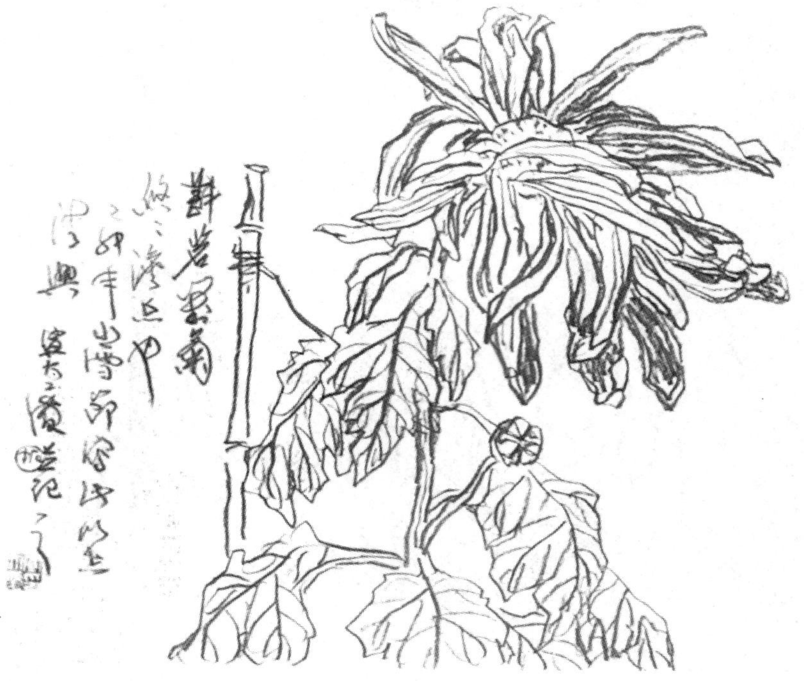

图3—22　斟茗对菊，悠悠淡忘

（3）叶柄有长短之别，写生时要柄柄着枝（见图3—23）。

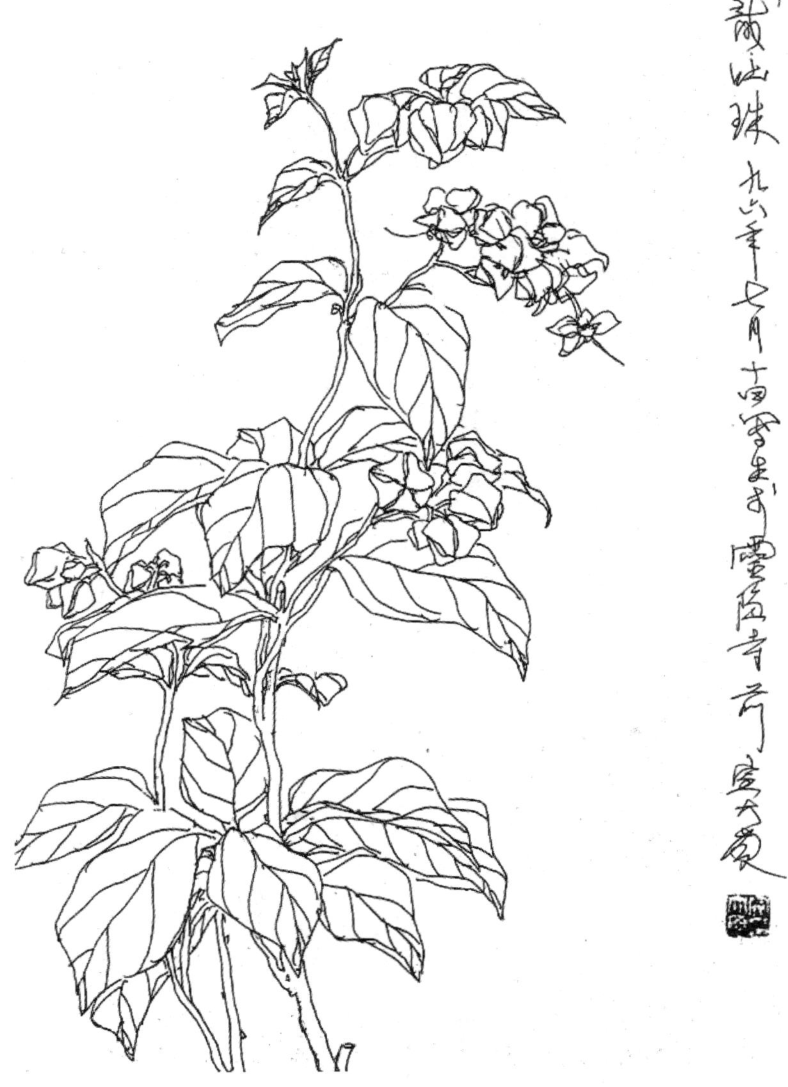

**图3—23　龙吐珠**

叶的种类：

1）长叶：画时要有转折，如水仙、萱花、兰花（见图3—24）等。

2）宽叶：画时要平展，如葡萄、葫芦（见图3—25）、南瓜、茄子（见图3—26）等。

3）荷叶：画时要姿态卷舒有致（见图3—27）。

4）夹竹桃叶：系轮生。

5）松叶：系丛生。

图3—24　花圃兰苑所见

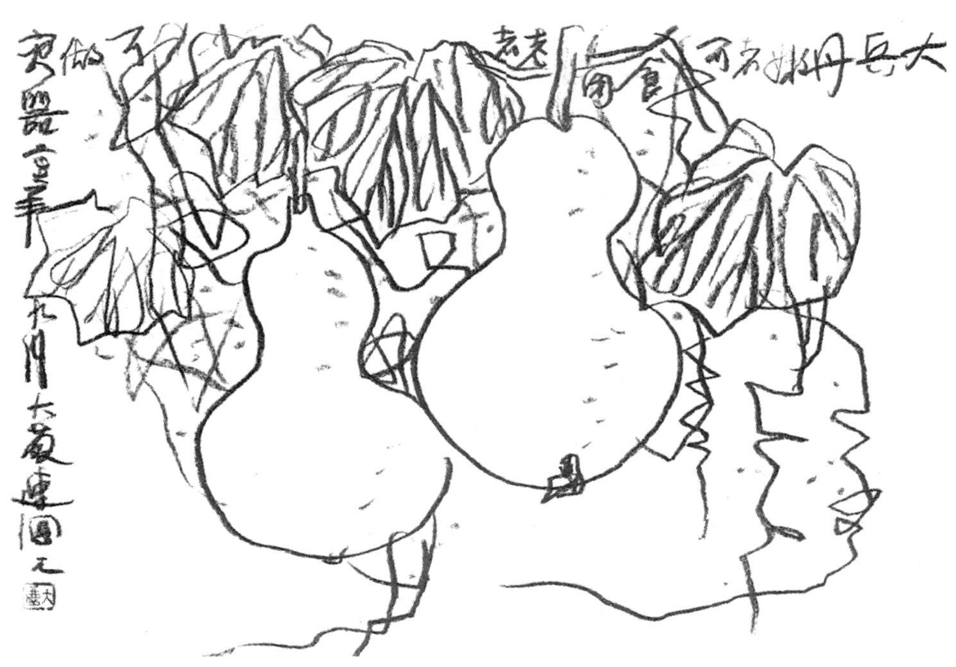

图3—25　大兵丹

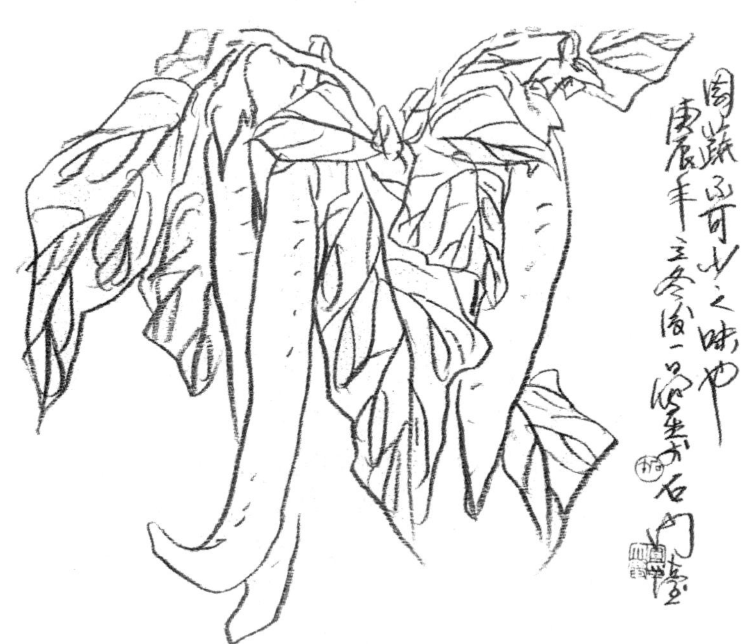

图3—26　此味清真

图3—27　洛神

## 6. 木本枝干的姿态

木本花卉的主要特征之一在于树干。

木本花卉枝干的姿态方面，大致可分为上挺、下垂、横斜、回折几种（见图3—28、图3—29）。

作线描花卉的枝干写生应注意：

（1）老干，须画得苍老。

（2）细干，须画得挺拔。

（3）下垂的枝干，须画得得势。

（4）横斜的枝梢，须画得向上翘起而有力。

（5）枝和枝之间不可并行，或十字交叉，或井字交叉。

（6）枝干粗细要适当，前深后淡，前重后轻，前实后虚。

（7）大干，还要画出它的树皮之纹，即皴法。

## 7. 草本茎梗

草本茎梗要画得滋润柔嫩。如菊花梗，要坚硬带方形（见图3—30）；红蓼、秋海棠梗，要有节（见图3—31）；玫瑰花、月季花等梗，要坚硬有刺（见图3—32）。

图3—28　含笑花

图3—29　玉树

图3—30　秋菊有佳色

图3—31　雨姿风态（龙须海棠）

图3—32　唯有此花开不厌，一年长占四时春

## 8. 藤本

藤本系属木本，如紫藤花、凌霄花、葡萄等。画藤本枝干要有盘旋攀附之势（见图3—33）。

图3—33　石屋洞前紫藤花

9. 蔓本

蔓本系属草本蔓枝，是攀附在其他棚架上的，如牵牛花（见图3—34）、扁豆（见图3—35）、丝瓜（见图3—36）、苦瓜（见图3—37）、鹤首（见图3—38）、葫芦（见图3—39）等。画草本蔓枝，要有盘旋弯曲之势。

图3—34　亦能牵马

10. 其他

（1）有些花则要画出处于花背却并不缄默的花托，如芙蓉花之蓓蕾，大丽花之待放，月季花之初开（见图3—40）。那几枝翼状叶态的托片颇有风采，线描花卉写生中不应忽视它。

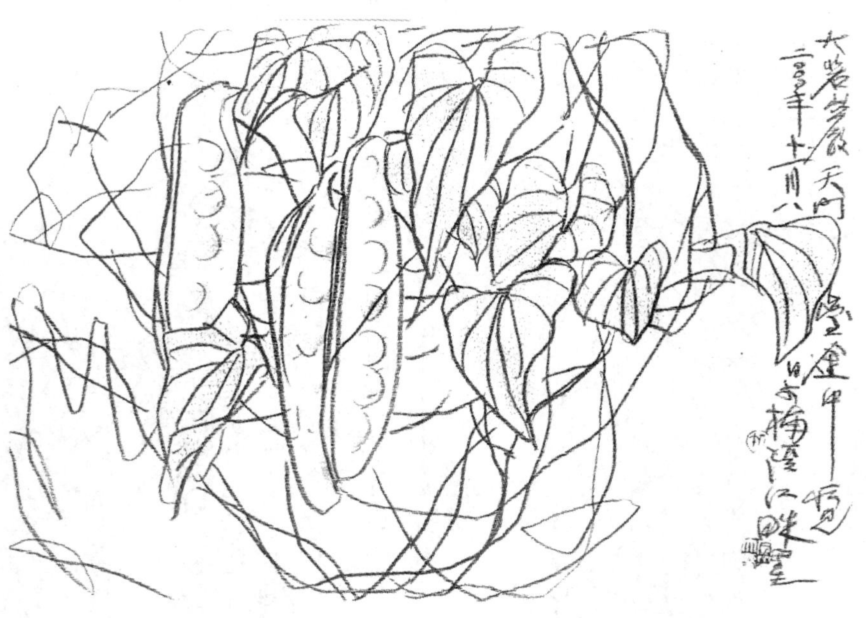

图3—35　大若岩石门台途中所见

（2）还有些花，如仙客来（见图3—41）、石蒜、文殊兰，花瓣翻卷颇为别致；绣球花、八仙小花丛集，花瓣彼此穿插挤贴，繁而不乱。画时稍稍裂开其中一两处以显其茎丛，画面亦生动而又有变化。

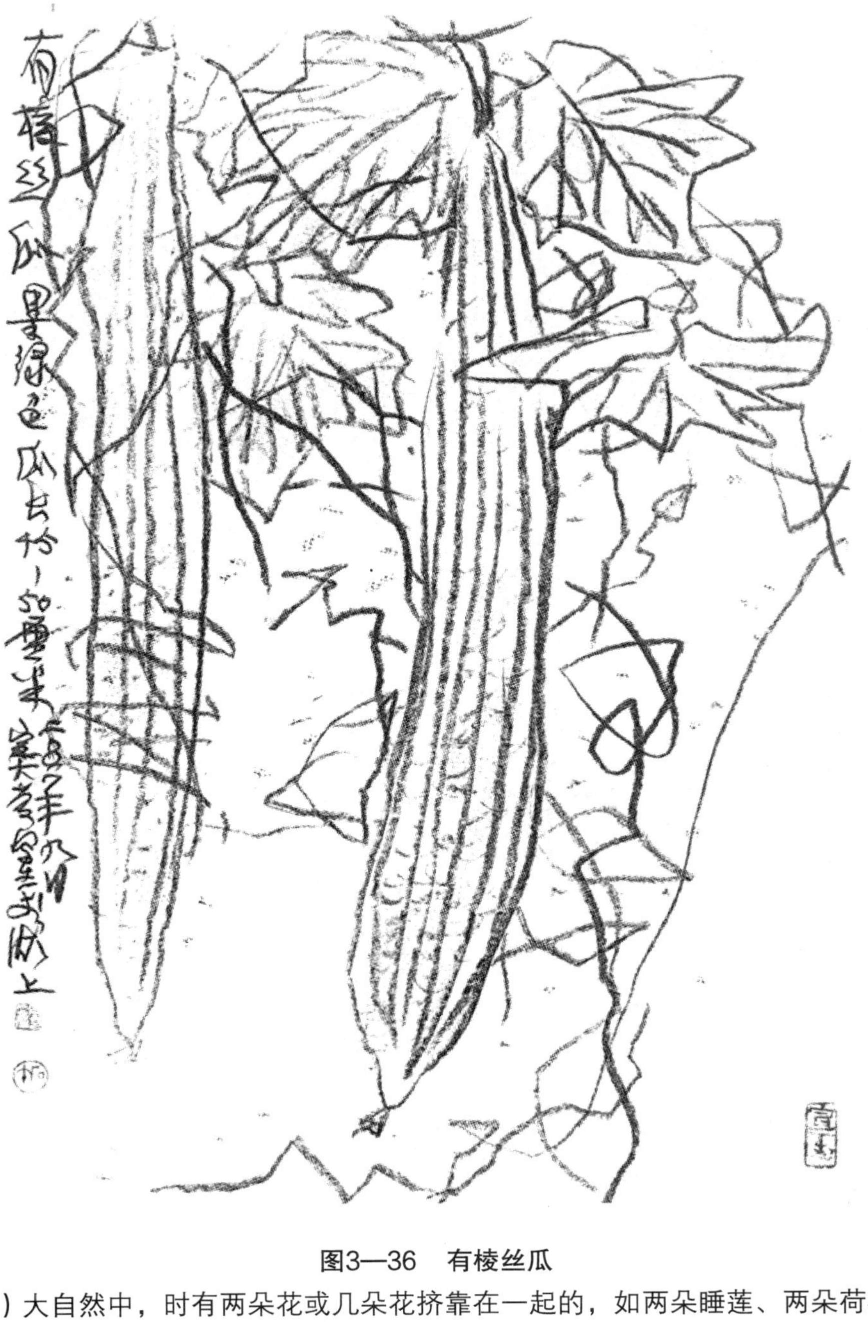

图3—36　有棱丝瓜

（3）大自然中，时有两朵花或几朵花挤靠在一起的，如两朵睡莲、两朵荷花（见图3—42）相背出水，几朵月季四向丛开（见图3—43）等，均别有一番风韵。

（4）花儿开始凋谢（见图3—44），花瓣开始脱落，片片红紫却有绿叶平托（见图3—45）。

图3—37　绿明珠大顶苦瓜

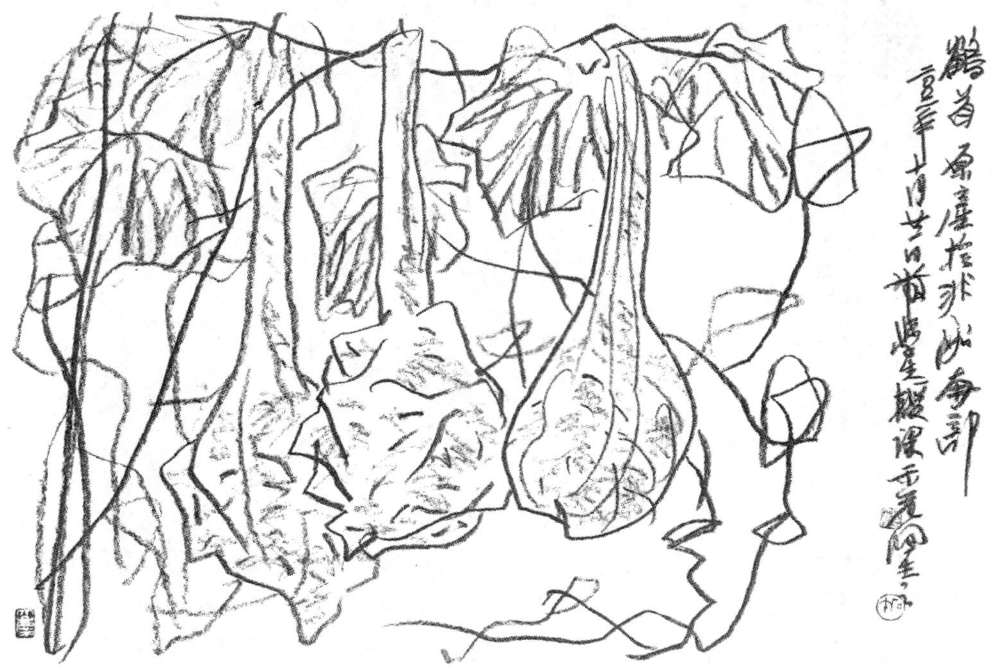

图3—38　鹤首

图3—39 长柄葫芦

图3—40 含燕

凡此种种自然或偶然的非常姿态，正可谓殊有意趣。作线描花卉写生时，应予以特别的留意与记录。

图3—41　仙客来

图3—42　污泥不染称君子

图3—43　香超桃李

图3—44　天然玉质趁风流

图3—45　只有此花偷不得

## 思考与练习

1. 什么是线描？线描花卉的临摹有哪两个步骤？
2. 何谓线描花卉写生的分阶段说？
3. 如何进行线描花卉写生前的观察和选择？
4. 作线描花卉写生，如何选好入画的角度？
5. 线描花卉写生时，如何布局、出枝？如何分杈、布叶？
6. 线描花卉写生前，应对花卉有哪些理解？
7. 简述线描花卉写生的步骤及要点。
8. 线描花卉写生时，要注意哪些问题？

# 第四章　色彩静物与色彩风景

**学习目标**

◆了解色彩的分类与基本属性；熟悉色彩的基本原理与构成规律。

◆掌握色彩静物写生的画法。

◆掌握色彩风景写生的画法。

## 第一节　概述

色彩是绘画表现的重要语言。

色彩富有表情和魅力，是造型艺术必不可少的组成部分，也是艺术美研究的一个重要方面。色彩既是产生美感和艺术魅力的基础要素，又是艺术形式美表现的重要手段。古往今来，多少画家为色彩的表现而倾注了自己一生的心血，其因就是色彩表达了美，表达了力量。

色彩能增强人的识别记忆力，有明显的刺激和影响情绪的作用。色彩可以传达意念，表达一定的含义。即使是非常复杂或抽象的东西，经过色彩处理后，也能变得易于理解。总而言之，色彩在视觉上最容易增强形象的感染力和吸引力。在一幅优美的色彩绘画作品面前，观者会得到无穷的视觉享受，它所表达的力量还会令人久久不能忘怀。

在绘画艺术中，不同颜色的笔触交错地平铺在画面上，即会产生各种生动的空间混合效果。正像野兽派绘画的领袖、法国大画家马蒂斯所言："色彩和线条是力量，而在这力的游戏里，在它们的平衡里，隐藏着创作的秘密。"

当今色彩艺术的理论，系对17世纪以来的色彩科学和色彩艺术的总结。它是许多伟大的科学家、艺术家共同智慧的结晶。

我们知道，一旦踏入抽象的色彩王国中，即刻会感受到色彩那种深刻地体现宇宙和谐的本质，从而可以寻找到色彩的真正价值。由于19世纪色彩科学的发展，促使印象派画家意识到绘画中存有只属于绘画自身的要素与规律，而这第一被彻悟的要素就是色彩。印象派画家以艺术家的敏感与辛勤的艺术实践，从另一角度打开了人们的眼界。他们把色彩从自然表象中抽象出来，按照色彩自身的法则来表现自然的内律及视觉的内在真实性，跨出了探索艺术纯粹性的第一步，带来了整个艺术观的变革，并由此而诞生了现代美术。

具有反传统观念精神、并创造发掘了绘画艺术新大陆的“现代艺术之父”法国大画家塞尚宣称：“对于画家来说，只有色彩是真实的。一幅画首先是，也应该是表现颜色。”他还着重指出“色彩是伟大的本质的东西”，是“观念的物化，理性的本质”。

色彩艺术和色彩美学的发展，将人们领入了更加广阔、更加永恒的认识领域，表现出艺术家们对外部世界无限真诚的内心感受。而现代美术的发展，不但涉及绘画的自身，而且推动了其他艺术的革命，同时也使现代的园林艺术发生了相当大的变化。

20世纪新的色彩刺激，使人们不得不随时随处和色彩发生关系，色彩所涉及的范围之广令人叹奇。新的色彩已不光要求实用，更重要的是为了人类的审美享受。新的色彩使人类生活在一个全新风貌的空间环境中，它体现了21世纪新时代的特征，象征着人类文明的进步。

## 第二节　色彩基础知识

色彩完全融合于日常生活中，成为现代生活的一个重要特征。“画面里的色彩就是生活里的热情”（梵高语）。色彩表示一种品格、情感、个性，或者说就是画者自己。

色彩有自己的客观规律与原理，它涉及物理学、光学、生理与心理学、美学以及各民族的人文历史。学习与了解色彩的原理和规律，有助于指导艺术实践。然而，事实上画家并非单靠色彩原理来作画，他们所依赖的更多的是敏锐的直觉和长期艺术实践积累的丰富经验。色彩需要很高的修养，色彩最高的要求是格调、意蕴以及和谐。因此，在学习色彩理论的同时，要提高色彩的运用能力还得靠艺术实践。、

观摩、临摹、写生是三种不同的方法，画者都能从中提高色彩修养和色彩表现能力，尤其是写生。色彩写生是提高色彩表现能力最直接最有效的手段，因为它面对自然，是对自然色彩的研究和表达，而自然界所提供的是无限丰富的色彩世界。在色彩写生过程中，同时还需要学习和汲取优秀绘画作品的技法，以便更好地掌握艺术表现的规律及技巧。

### 一、光与色彩的关系

光是人类赖以生存的自然条件。色彩的根源在于光。色彩是光之子，光是色彩之母。光产生色彩，色彩是光折射而形成的。色彩的形成是光对人的视觉与大脑发生作用的结果，是一种视知觉。光之不存，色将焉附?

**1. 阳光的特性**

太阳是地球最重要的光源，它可发出不同波长的电磁波，其中最为人熟知的是可见光（即七色光谱），波长范围在$4\times10^{-7}$～$8\times10^{-7}$米之间。色彩学就是以可见光为标准来阐述光与色的物理现象。

**2. 光的强弱对色光的影响**

（1）发光点近，光线就强。

（2）光源近，色彩就鲜亮。

（3）光源远，色彩就暗弱。

### 3. 光源的色彩

光源，即能自己发光的物体。光源，可分为两种：

（1）自然光源。如太阳等。

（2）人造光源。如各种灯光、烛光、电焊弧光等。

观察色彩或研究色彩，首先要了解光源色，光源色是色彩现象的主要因素；其次，被照射物体及照射光源的不同色光的数量及比例决定着色彩。

画者要从造型与色彩角度出发，观察、分析、研究光与色彩，掌握不同光线下的明暗规律与色彩变化规律。色彩静物写生一般需要充足、稳定的光线，同时画面的受光程度也会影响效果。

## 二、颜料的色彩类别

### 1. 原色

原色又称第一次色，即红、黄、蓝三原色。三原色是最基本的颜色，是其他颜料根本调配不出来的。相反，用三原色可调出任意的颜色。

### 2. 间色

间色又称第二次色，即橙、紫、绿三间色。

（1）间色是由两种原色混合而成的。

| | |
|---|---|
| 橙 | 红＋黄 |
| 紫 | 红＋蓝 |
| 绿 | 黄＋蓝 |

二原色等量混合的结果是标准间色。

（2）二原色不等量的混合会产生出不同色相的变化。

| | |
|---|---|
| 红＋黄 | （红多黄少）＝红橙（俗称橘红） |
| | （等量混合）＝橙色（俗称橘黄） |
| 红＋蓝 | （红多蓝少）＝红紫 |
| | （等量混合）＝紫色 |
| | （蓝多红少）＝蓝紫 |
| 黄＋蓝 | （黄多蓝少）＝黄绿（即草绿） |
| | （等量混合）＝绿色（即中绿） |
| | （蓝多黄少）＝蓝绿（即深绿） |

间色在光谱中占有很大的光色范围，约占$3\times10^{-7}$米。色光的丰富多变是因为间色的

作用，了解间色的构成对绘画的实践有莫大的好处。

### 3. 复色

复色又称第三次色，即两间色相加，或三个原色的混合，或一原色和灰浊色的混合。形成其微妙的灰色变化的原因，就在于其中一种颜色的多少。

（1）原色适当相混。

| | |
|---|---|
| 红多＋黄＋蓝少 | 红灰色 |
| 黄多＋红＋蓝少 | 黄灰色 |
| 蓝多＋红＋黄少 | 蓝灰色 |
| 红＋黄＋蓝（等量混合） | 浓黑色 |

（2）二间色适当相混。

| | |
|---|---|
| 橙＋绿 | 黄灰 |
| 绿＋紫 | 蓝灰 |
| 橙＋紫 | 红灰 |
| 黑＋白 | 纯灰 |

### 4. 补色

补色又称互补色、余色，即三原色的一原色与其他两原色混合成的间色，互为补色。

在绘画上，称补色为对比色，其效果对比强烈，如红与绿、黄与紫、橙与蓝等。但补色只有在不同的纯度对比中才能显现，如阳光下的白墙受光部偏黄色，背光部就带紫色；同时受光部暖，背光部则冷；受光部较淡，背光部则深。倘若纯度相同，不仅不会显现，相反还会互相扰乱，如深红和淡绿并置则艳丽，深红和深绿并置则混淆。因而，只有利用好视觉中的补色关系与明暗关系的对比效果，才能使写生画面增色生辉。

## 三、色彩的基本属性

一块颜色会同时呈现出色相、明度、纯度及冷暖的倾向。因此作色彩写生就要一笔下去同时兼顾之。为了色彩学习上的方便，特分别予以说明。

### 1. 色相

色相指色彩的相貌特征。每一种颜色都有其特有的与其他颜色不相同的质的区别，如红色、绿色、黑色、白色、褐色等。色相可分为两种：光谱色相和物体色相。

这就是说，在特定的时间、空间、光源与环境中，色相的概念并非指物体的固有色，而是指在这特定条件下，色彩间相互发生关系后所呈现的色彩相貌。正是由于色彩具有这种具体的相貌特征，世界才变得五彩缤纷。色相如同色彩外表华美的肌肤，体现着色彩外向的性格。

### 2. 明度

明度指色彩的明暗程度，又可称亮度、深浅度。

色彩的明度有两种情况：

（1）同一色相的不同明度（明暗差别）。

（2）各种不同色相所具有的不同明度（明暗差别）。

每一种纯色都有与其相应的明度，如黄色明度高，蓝紫色明度低，红色、绿色为中明度。白色明度最高，黑色明度最低。

明度具有较强的独立性，它可以不带任何色相的特征，只通过黑、白、灰的关系单独呈现出来，而色相和纯度则必须依赖一定的明暗才会显现。色彩一旦发生，明暗关系即同时出现。可以说，明度是色彩隐蔽的骨骼，是色彩结构的关键。

### 3. 纯度

纯度指色彩的鲜明饱和程度，也称色度、彩度、艳度、鲜明度。

最大饱和度具有该色相最完备的色性特征。色相越明确，其色彩饱和程度越高。在人的视觉中所能感受的色彩范围内，绝大部分是非高纯度的色，即大量含灰的色，而有了纯度的变化，色彩就显得极为丰富。

不同的色相不仅明度不等，纯度也不相等。同时色彩的纯度非常敏锐，当一种颜色掺入其他颜色后，它的纯度立刻就会改变。同一个色相，即使纯度发生了细微的变化，照样会立即带来色彩性格的变化。纯度体现了色彩内向的品格。

当然，由于眼睛的错觉关系，不同明度与纯度的色彩常有不同的感觉，如色彩的方向感、质感、轻重感、味觉感等。

### 4. 色性

色性指色彩在人们心理上产生冷暖感觉的特性。

色彩的冷暖感觉是人类在长期的生活中对各种物象的性质、性能以及在色彩特征上所形成的比较稳定的视觉心理感受。

色性可分为三类：

（1）暖色。红、橙、黄。

（2）冷色。青、蓝。

（3）中性色。金、银、黑、白、灰、绿、紫（其中绿、紫为不稳定中性色，可向冷、暖两面转化）。

冷暖不是绝对的，它是相比较而得出的，如大红、紫红、朱红比较之后就有着冷暖的变化。最暖的色——橙；最冷的色——青、湖蓝。

色性与时代感有着紧密的联系，如原始人重对比强烈，近代人重调和，现代人追求稚拙（原始），对比的色彩又复苏了。

各种色彩的特性是：

| 颜色 | 色彩情感特征 |
| --- | --- |
| 白 | 纯洁、明快、天真、幽雅、高尚 |
| 黑 | 严肃、悲、恐怖、刚强、朴素 |
| 灰 | 含蓄、中立、调和、平淡、消极 |
| 红 | 炽热、积极、革命、活力、喜庆 |
| 橙 | 活泼、热烈、富丽、光、兴旺 |
| 黄 | 欢愉、智慧、发展、明朗、轻快 |
| 绿 | 生机、和平、希望、自然、青春 |
| 青 | 深远、悠久、永恒、沉郁、冷漠 |
| 紫 | 神秘、高贵、不安、孤寂、阴森 |

## 四、色彩的变化因素

### 1. 固有色

固有色指在阳光间接反射下其他光源影响较少时，或是在柔和的光线下，物体所呈现的色彩。简单地说，即物体固有的颜色。

（1）一般地讲，自然界中固有色是最基本、最多的色相。

（2）在画面中，物体的中间色部分往往最能体现出固有色的色彩。

在绘画中，固有色的特征也具有较大的象征意义与现实性的表现价值。当画面的色彩以固有色的关系存在时，往往会给人以现实主义的印象；而固有色的印象被抽象出来使用时，却会具有象征的含义。

### 2. 光源色

光源色指光源的光色。

（1）光源的种类。

1）聚点光。指太阳、月亮，其光明显。

2）漫射光、散射光。指蓝天等，其光较弱。

（2）不同的光源色使同一物体呈现不同色彩。

光源色大致分为暖光和冷光两种。除清晨的阳光是红色的，黄昏的阳光是金黄色的情况外，太阳光一般是白光，电灯光是橘色光，以上均属于暖光。而月光和日光灯的光则属于冷色光。

不同的光源色还决定画面色彩的强弱、明暗和冷暖，因为它会或多或少地改变固有色色相，光越强越容易使众多物体形成统一色调，对画面影响越大。在画面上，受光部若是暖色，背光部则呈冷色。室内光源色是天光的折射，一般倾向蓝灰，故受光部冷，背光部暖。

### 3. 环境色

环境色也称条件色，即物体周围环境的色彩。

任何色彩现象都不是孤立的，由于物体受周围环境的影响必然会引起色彩变化。环境色的强弱与光的强弱成正比：

（1）光滑的物体，环境色明显。

（2）粗糙的物体，环境色则不明显。

环境色比光源色弱，它多反映在物体暗部反光处。环境色产生于物体之间的相互作用，从而使色彩丰富而又多变。

固有色、光源色、环境色，是构成写生色彩关系的三个重要因素。在不同条件下，它们体现在物体上的色彩变化是不同的，如在阴天固有色相对明显，在黄昏或月光下光源色就占据了主要地位。

### 4. 空间色

构成写生色彩关系还有一个因素——空间色。空间色指画面有纵深的感觉，是色立体和色透视。空间色具体表现在以下两个方面：

（1）蓝天。宇宙空间是黑的，因没有空气。天空之所以是蓝色的，是因为大气层的作用。

（2）透视感。一般来说，近色明度对比强，远色明度对比弱。近色纯度高，远色纯度低。远色偏灰。近处暖，远处冷。

## 五、色彩的调子

各个固有色不同的物体，由于笼罩上一定色相和明度的光源色所产生的同一色彩倾向，就称为色彩的调子，或简称色调，也可称调子。

一幅作品中色彩的相互关系应该是有机的、有序的，应该由一个主导的色调来统一。色调是对一种色彩结构的整体印象，是一幅作品大的色彩倾向与类别，也是画面色彩结构的大效果。当画者画上第一笔色彩时，无形中就决定了画面的色调，以后便逐渐被此色调所左右，要在此色调中用色，不然就容易走调。可见，色调支配着画面的色彩，如果不统一就会使色彩紊乱。

色调对作品所表达的内容和画者欲抒发的思想情感有直接的关系。绘画中的色彩不但是为了真实地表现大自然的光色变化，同时也是为了借色调之美而抒发画者的情感。可以这么说，色调是不同画家的风格、个性以及审美要求的体现。

总而言之，色调是由物体的色相、明度、纯度、色性以及面积大小等因素所决定。不同的光源色、光的强弱与照射的方向角度对色调也起着直接作用。

色调的类别有：

### 1. 以明度分类的色调

（1）高调。也称亮调子，即以白色或明度高的色相构成的色调。高调不仅由组成色相的明度所决定，同时也因光的强弱而改变。如明度低的色相在强光下明度也随着提高，反之，在暗淡的光线下高明度的色相也会变深。不同的光线角度，物体的明暗也不同，如高明度的物体在暗部看，其明度却很低。

（2）中间调。也称灰调子，即处于中间色阶的色彩构成的色调。在日常光照下，大量的是中间色，所以绘画作品中，中间色调的作品最多。

（3）低调。也称暗调子，即从色彩面积来说深色占据画面的绝大部分。这类作品深沉、厚重，通过暗色调的层次变化表现出空间感，并突出受光的主体。

在西方的古典绘画中，可以观赏到大量低调子的作品，这一方面是由题材内容所决定的，另一方面在表现方法上受到当时流行样式、传统习惯的限制。当时画家都在室内作画，受室内采光的客观局限，当然其主要原因还是形式上因袭传统审美习惯。

总的说来，高调，色明快，光感强；中间调，色丰富；低调，色深重。

### 2. 以纯度分类的色调

（1）鲜调。色彩鲜艳夺目，尽管每块色彩纯度都很高，但也有强弱之分。

由高纯度色彩组成的色调，决非都用单色作画，尤其是塑造形体时，暗部和受光部色彩的纯度不同，色相也有细微之别。纯度高的作品给人以强烈的视觉冲击，色调处理略微夸张，但必须注意画面协调，不要用色过“火”。

鲜调中，也可区别为强鲜调、中鲜调、弱鲜调。

（2）中间调。即中纯度色调，介于鲜调和灰调之间。

中间色调的纯度变化更为丰富，故此分类仅是相对而言。中间色调的变化也最难把握，因为它处于微弱变化之间。可以说，培养和训练掌握色彩的能力也就是辨别和运用中间色的能力。由中间色构成的色调丰富而优美，许多色彩似乎含而不露，却又个性鲜明。

（3）灰调。即低纯度色调，也称灰色调。

灰色中包含着黑色的成分，但灰色也有不同色相与冷暖的倾向。灰色处理得好，会显得画面沉着、高雅，有一种朴素之美。

### 3. 以色性分类的色调

由色彩的冷暖来组成画面的色调，通常有：

（1）暖色调。暖色调给人以热烈的气氛和温馨的感觉。由于暖色是“进色”，故其有前进之感（见彩图1）。

（2）冷色调。冷色调除了给人以凉爽感外，另一特点是较抒情，如月光往往能营造出一种诗意的氛围（见彩图2）。

（3）中性色调。中性色调的范围很广，它涉及色彩的纯度。纯度越强，冷暖的倾向也越明显。凡是纯度较弱，冷暖倾向不明显的色调，均可说是中性色调。

严格地说，中性色彩也具有冷暖，即使是黑、灰两色也有冷暖的倾向，这种倾向基

本有两种：

1）接近黄色，具有绿色倾向（见彩图3）。

2）接近红色，具有紫色倾向（见彩图4）。

中性色具有不稳定性。例如看一块灰色时，常会感到它好像带绿色又好像带紫色，并且会随着周围的不同色相而改变其倾向。唯一的方法是与邻近之色相比较，以期取得准确的色彩关系。

除以上几种色调外，还有不同色相组成的同类色、邻近色的色调与对比色的色调。

## 六、调色方法

有些人仅用几种颜色就可调出丰富的色彩，而有些人拿着整整一盒颜料却觉得无色可用。出现这种情况的原因非常简单，即前者掌握了调色技巧，而后者没有。

### 1. 色彩的使用

（1）注重画面整体色调的处理。观者看画，第一眼往往被总的调子所控制，设计一个好的基本调子是画好色彩的第一步。

（2）抓住画面不同大小的色块布局。选择好几种占主导地位的色块来控制画面总的基调。

（3）抓住整体效果与第一感觉。色彩写生时，要凭最初的第一感觉，迅速地将颜色铺满画面。

（4）调色时，颜色的调配不宜过“熟”，即不要调得同打底色的颜色一样匀。

（5）使用颜料的种类不宜过多。

（6）注意颜色色性之间的相互区别。

### 2. 调色的基本方法

（1）调色常识

1）要全面观察，看得准，调得准。

2）颜色要饱和，加水要适量。

3）调色时，画笔不宜调动次数过多。

4）两到三种颜色相加，色彩丰富鲜明。

5）四到五种颜色相加，色彩灰暗。

6）调色时，注意画笔内的余色要洗净。

7）调淡色时，以白色为主，逐渐加入少量深色。

8）调深色时，适当多加点水，尽量不掺进白色或含粉质较多的颜色。

9）调亮部色彩时，应加入适量的白色。

（2）要降低某种色彩的纯度

1）可加些色彩性格较稳定的一类颜色，如加些赭石、土黄、橄榄绿等。

2）可用加入补色的方法，如要使红色纯度降低，可加入少量的绿色；反之，也可加入少量红色来降低绿色的纯度。

此外，用三种以上颜色调和，色彩极易变脏。要想克服此弊病，可将所调的颜色进行不等量调配。

（3）调色时应注意的事项

1）用笔在调色盘中反复打圈极易产生气泡。正确的方法是用画笔前后摆动来调色。

2）不要把颜色调得过于均匀，一般稍作调和即可，要宁“生”勿“熟”。有些颜色，让它们在画面中进行自然融合为好。否则，色性差，容易灰。

3）调色时每次可多调一点，但笔尖不宜蘸太多颜色。否则，画了第一遍颜色便会堆起，遇阴雨天画面就很难干透，待再上第二遍颜色时，就会使底下的那层颜色泛上来，造成脏与腻的结果。

4）调色时一定要有色彩倾向，否则画面会产生“黑气”。如把群青、深红、翠绿等纯色进行调和使其接近黑色的深度是有可能的。但这种混合的黑色往往有些发紫，若与白色调和会形成一种令人感到不快的中间色。

5）画灰色衬布可先用黑色、白色调成灰色，然后再根据对象的冷暖倾向，将其调成偏冷或偏暖的灰色。

6）画暗部时画笔和洗笔水均要干净。笔中或水中如含粉质过多，画面极易画“粉”。画暗部与画亮部的笔最好分开，这样可少洗笔。

### 3. 要谨慎地选择颜色进行调和

（1）要学会把握相近色的差异。要尽量使用接近对象的颜色来调色，不要“大概”地随便选用颜色。

（2）有些颜色靠调和是很难奏效的，需要利用颜料本身的颜色。

（3）谨慎地用色。这对培养色彩的鉴别力与正确敏感的判断力是很有好处的。

（4）要画出色彩丰富的画面不一定要用很多的颜色。相反，根据不同对象的颜色来适当地选择和限制用色，通过调和使画面中的每块颜色都最大限度地发挥出各自的性能，反而会使画面具有独特的色彩与明确的色调。

（5）不要总是习惯地、机械地把画笔东蘸一下西蘸一下。初看时，还以为这样画出的东西很有颜色，其实根据颜色的特性，把颜色做过多的调和反而会使色彩互相抵消，或发黑、发灰。要纠正这一弊病，最好的方法是画每一幅画都要根据对象有限制地使用几种颜色。

## 七、色彩的观察与表现

### 1. 色彩的观察方法

（1）整体的观察方法

1）抓基调的观察方法。先找出色彩系统，从光源色中去把握整体的基本调子，在大色块的范围内找基调，其他千变万化的小色块都受基调的制约。同时找出色彩的共同关系，使色彩具有统一性，以防色彩凌乱等，处理好对比关系与主次关系。

2）相比较的观察方法。先从大的方面比较，再从各个部位比较；先与邻近的部分比较，然后再从整体进行比较。比较观察的目的：

① 明了色相、明度、纯度之间的变化，从而达到表现色彩的准确性。

② 通过对比找出色彩的差别及变化，处理好整体与局部的关系。

（2）分析研究的观察方法。物体的色彩分析是理性地掌握色彩变化规律的重要一步，它对绘画的艺术实践有重大的指导意义。

1）高光。高光是光源色的密度值最大最集中的反射。

2）光源色与固有色的结合。固有色决定受光面的基本倾向，光源色决定物体的冷暖倾向。

3）受光面。在光源较弱的情况下，受一定的环境色的影响。

4）暗部色彩。在室外是次光源色对暗部的影响，在室内是环境色与固有色的影响。物体暗部色彩分析：

① 从调子中寻求暗部的色彩。

② 用对比的方法，从次光源与环境中找暗部的色彩关系。

③ 通过暗与暗的对比找出色彩暗部的关系。

④ 用空间色的法则找出不同空间范围的暗部色彩变化。

⑤ 用冷暖的对比找出暗部的冷暖倾向。

### 2. 色彩的表现力

（1）色彩的情感抽象化。色彩的情感抽象化是指色彩以明度的变化为主，伴随纯度的高低、色的冷暖，而使观者产生各种不同的情感反应的现象。色彩的情感抽象化如下表所述：

| 色相 | 情感抽象化 |
|---|---|
| 红色、黄色类（纯） | 扩张（温暖感、兴奋） |
| 蓝、绿色类（纯） | 收缩（寒冷感、沉静） |
| 白、黑及高纯度色 | 紧张感 |
| 灰色及低纯度色 | 舒适感 |
| 明度、纯度高 | 华丽高雅 |
| 明度、纯度低 | 朴素无华 |

（2）色彩的象征性。色彩的象征是人们在色彩上赋予的一种精神、一种理想、一种意义、一种形态，所以也有人将其称为色彩的联想，但称之为色彩的象征性来得更具体、更合适。

色彩在各个国家基本上都是按当地的风俗习惯来使用的。色彩的象征性只代表一定的普遍性，不同的国家、不同的民族、不同的地域对色彩的喜爱和禁忌是不同的。而不同的国家、不同的时代、不同的文化历史背景以及具有不同经历的人，对色彩的情感联想也有很多不同，非常复杂，同时又处在不断地变化之中。色彩的象征性如下表所述：

| 色彩 | 象征性（A） | 象征性（B） |
|---|---|---|
| 红色 | 热情、喜庆、幸福 | 警觉、危险、灾难、人情味 |
| 黄色 | 阳光、希望、高贵、愉快 | 病态、轻薄（明度最高） |
| 蓝色 | 和平、安静、纯洁、理智 | 消极、冷淡、保守 |
| 绿色 | 平静、安全、青春、生命 | （中性色） |
| 紫色 | 优美、高贵、尊严 | 孤独、神秘、魔力、新颖别致 |
| 黑色 | 严肃、庄重、朴素 | 悲哀、恐惧、死亡（明度最低） |
| 白色 | 纯洁、干净、高雅 | 无力、苍白 |

## 第三节　色彩静物画法

色彩静物画既能成为一件独立的艺术品，也可为初学者用作掌握色彩技法的训练。因此，学习色彩往往是从静物写生开始的，而且所使用的工具以水粉色为主。

色彩静物写生作为色彩的基础训练，其目的是让学生通过训练来培养、认识并运用色彩的观察方法，解决在色彩写生过程中所遇到的一些常见问题。特别是要求在色彩写生过程中，能够充分考虑到物体的固有色、光源色和环境色的相互作用，画出统一的色调和完整的构图，并能用色彩塑造出物体的体积感、质感和空间感等。还有就是笔触的运用，笔触不光是为了真实地表现物体的体积感、质感和空间感。色彩画面上笔触的轻重疾徐、聚散错落，也形成了一种节奏感，它类似音乐中的节拍。

对色彩静物写生的要求是：大关系准确，色调准确，以找出丰富的色彩为主，并兼顾一定的形体塑造。

色彩静物写生步骤及要点如下：

### 一、观察

动手写生前，必须强调观察、感觉、立意，这是初学者所要解决的最关键的问题。

#### 1. 要寻找对象的色彩关系

这种色彩关系包括对象的固有色、光源色和环境色之间的相互作用，包括明暗、冷暖及色相对比等。写生者要在它们的相互关联、相互比较中找出主调色彩，确定色彩基调。

#### 2. 不能孤立地盯住局部不放，特别是不要抓住固有色不放

作色彩静物写生重要的不是画某一块颜色，而是表现它们之间的关系。这是因为写生者是用手中有限的几种颜色在捕捉对象，不论是从明亮度上讲，还是从丰富性上讲，都无法与自然界的色彩媲美。所以色彩静物写生时不能只看局部，且不能光盯住固有色。

### 3. 要特别处理好局部和整体的关系

经常把局部和整体进行比较，对局部的深入要建立在与整体的和谐关系上。作为一个原则，它应贯彻于整个色彩静物写生过程中。

我们强调观察就是寻找色彩关系，其中一个重要原因是形状是固定的、绝对的，色彩是变化的、相对的。

（1）观察物体的受光。物体的受光根据光线投射角度的不同可以有三种情况：

1）正面光。这种光线下物体的色彩关系最为复杂。观察时要注意亮（明）部（包括高光）、中间色、暗部（包括反光）三个大的色彩关系。落笔写生，重点画中间色、亮部，暗部则一带而过，要画得单纯些。

2）侧面光。这种光线下要注意物体的亮部、暗部、投影三个大的色彩关系，重点是暗部和投影。

3）背光（逆光）。这种光线下，关键是亮部与暗部两个大的色彩关系，重点是暗部。此时，暗部的色彩细微丰富，亮部的色彩则显得格外单纯。

（2）小色稿。要提高观察、捕捉色彩关系的能力，可用小色稿进行练习。

1）在一张小纸上概括地画出主要对象的色彩明度、冷暖等方面的关系，以帮助确定画面的色彩基调。

2）重点是解决亮部与暗部的色彩关系、物体与背景的色彩关系等，而不必拘泥于物体的颜色以及形似与否。

3）小色稿画好后，可放在远处与对象作比较，观察大的关系是否正确。如不正确则另画一张，可多尝试几次，直至获得和谐的色彩关系。

## 二、起稿

初学者作色彩静物写生的构图时往往习惯于从形状、位置等来观察安排画面，而忽视色彩的因素。在色彩静物写生的构图起稿阶段，不仅要考虑到形状、位置的安排，而且应兼顾色彩的布局（见彩图5a）。这就要求在构图起稿时，须注意观察以下几个问题：

### 1. 色彩的重量感

色彩明度、纯度、冷暖的不同，确实会给人带来不同的视觉重量感。在视觉上，深色比浅色重，纯色比灰色重，暖色比冷色重，原色比间色、重色重。当然这是相对的。如果忽视了视觉重量感，画面就会失去平衡。

### 2. 色彩的对比

一幅形体组合比较单纯的画面，往往只要通过加强色彩的对比就可获得颇为丰富的构图效果。用色彩的对比或互补加强画面的重点，这是色彩构图的重要手段之一。

### 3. 色彩的重复与呼应

从形的角度讲，重复一种或几种形状可使画面统一、和谐。同样，不同深浅浓淡的色块在画面上适当地予以重复，也会得到类似统一、和谐的效果。色彩有呼应、不孤立，画面就会丰富。

### 4. 色彩的进退

画面的前后关系与虚实关系不能只靠作画的感觉来处理，还应借助于对色彩关系的理解来加强画面的空间感。

除此，画面的背景一定要处理好。若处理不当，背景就会跑到画面的前面来，模糊了前景的空间感，而削弱了前面物体的立体感。如画红色衬布时就常会造成这种后果，此时一定要减弱红色的纯度。

颜色的进退一般有这样的规律：颜色越暖越进，颜色越冷越退；颜色越纯越进，颜色越灰越退；明度越高越进，明度越低越退。

## 三、铺色

铺色即组织色调，解决大的色彩关系（见彩图5b）。就是说，把观察阶段所捕捉到的色彩关系落实在写生的画面上，这是作品成败的基础。

铺色时照样要把色彩关系放在首位，要注意调整好局部与整体的关系，要注意色块的冷暖倾向，绝不能把注意力放到细枝末节的刻画上。

铺色有两种方法：其一是用加水调稀颜色；其二是用厚薄适中的颜色。这两种方法都要使用较大的笔，先铺大色调，从中间色画起，并逐步确定出背景、对象及周围的色彩关系，即画出画面主要色块的大关系。最亮最白的部分先不画，留作参考，接着画暗部，通过“压重”的手法来塑造形体，最后再“提”出亮部。当然，如果物体对象的色调对比强烈，则可先画暗部，再画明暗交界线或中间色，最后再画亮部。

铺色时要尽量使所画物体与背景的交界处衔接自然，不要留出较大的空隙，这样既可以为下一步的塑造免去填充空隙的烦扰，又可以保留生动自然的效果。

还应特别注意：由于水粉颜料在干、湿时的深浅感觉完全不同，使用时要尽量先湿后干，先薄后厚，先深后浅。另外，画暗部尽量不用白粉。

### 1. 色彩柔和的静物处理

遇到这类色彩静物写生，铺色时要整个调子一起铺，不要只盯住某个东西画。重点是要抓气氛，要抓色与色之间的相互关系，而不强调具体物体的塑造。

### 2. 色彩强烈的静物处理

（1）要强调画面黑、白、灰的关系，画面要黑的黑，白的白，黑白要分明。

（2）要保持住物体的鲜艳色彩，甚至可以加几笔原色。

（3）要注意色彩的冷暖与主次关系。

（4）要在营造画面整体关系的同时，强调物体的表现和塑造。

### 3. 背景的色彩处理

背景与物体的色彩组成了画面大的色彩关系与基本色调。背景的色彩可以与主体的色彩成对比色，使画面响亮强烈，也可以采用同类色，使画面柔和协调。

### 4. 学会保留画面效果好的部分

完成第一遍铺色后，在进行具体塑造时不要盲目地把所有地方均覆盖重画，一定要学会肯定、保留住一些正确、效果好的部分，特别是背景与暗部的颜色。其好处是省时，当然最重要的是为画面保留住了清新、透明的色彩，特别是暗部的颜色，从而使画面显得生动。

在色彩写生过程中，若发现某一处色彩效果不错，完全可以调整开始作画时的色调设想，使整幅画面顺着这一部分，且以它为准进行展开、深入和发展，并一定要随时注意发现和保留画面效果好的部分。否则，一旦画坏，由于没有肯定的部分作参考，反复数次即会把画面画脏、画腻。

## 四、塑造

铺色是解决大的色彩基调。而塑造则是深入刻画，是色彩静物写生过程中的重点阶段（见彩图5c）。

### 1. 深入细致地刻画

在塑造阶段，色彩间微妙而复杂的关系均要通过观察而具体地落实在画面上。如果说铺色阶段是画出大的色块之间的关系，那么塑造阶段就要求深入到细节，一个部分一个部分地去塑造对象的结构、质感、立体感及空间感。

### 2. 千万不要盯住局部不放

此阶段要经常反复地把所画的部分和其他部分作比较，边比较，边修改，边调整。

### 3. 局部用色原则一定要在整体的色彩关系内进行

所画的某个局部完美与否，一定要将其放在与整体的关系中去评价。这样才能逐渐地掌握如何把每个局部画得恰到好处，而不是面面俱到。

### 4. 要重视主体和周围的色彩关系

初学者在最后阶段所遇到的困难常常是画不出主体的颜色。究其原因，主要是忽略了主体和周围的色彩关系。概括地讲：

（1）要使对象亮，就要在边上配以暗的色彩。

（2）要使其色彩突出，就要降低周围其他颜色的纯度。

（3）要使其色彩充分发挥它的色质，就要有其他的对比色来衬托呼应。

最后，统一调整、全面比较、加强减弱、修补整理，是完成色彩静物写生前的画龙点睛，也是为了恢复色彩写生前的第一印象，把意境情趣再突出一点。

## 第四节　色彩风景画法

色彩风景写生步骤不像色彩静物写生那样严格明确。因为画色彩风景特别需要激情，且注重于取景构图，所以不少画家画较简单的景色，如田野、湖畔或空旷山地等时，往往不需要打轮廓而直接尽情挥洒。有时兴致所至，信手拈来，一气呵成，却有动人的效果。色彩风景写生的着色步骤是较灵活的，倘若天空多，出现视平线与远山等就可以从天空画起，由远及近，层层衔接；倘若天空少，没有远景就可以从主体画起，从结构强烈、对比明确处画起，再旁及左右。

色彩风景写生必须有整体全局观念，并力求色、形的一次到位，不允许出现画了再改的念头。因此，要提倡多观察思考而慎重落笔的观念，调色、上色宁慢求准，宁稳毋乱，渐渐地将自认为理想的颜色铺接上去。

归根结底，色彩风景写生是求其总的精神气氛。

### 一、构图布局

构图布局应以取势为第一，布局有气有势方能先声夺人。

色彩风景写生由于视野广阔深远，景物庞杂，取景时应如第二章速写风景中所讲，要懂得一个“舍”字，并注意画面空间的透视关系，在安排画面构图时最好有近景、中景、远景三个层次。

初学者取景要简单明了。构图布局阶段一定要打好轮廓，尤其是画园林建筑要把透视画准确，有的树木山石还得定个位置，勾个大概。用铅笔或浅淡色线整理出画面的形象，线要简练扼要（见彩图6a、彩图7a），特别是铅笔画线不可过浓，因为铅含油脂，过浓上色困难。

画前也可起个小色稿，做些推敲修改，这对色彩构图练习与大关系、大色调的处理帮助颇多。

### 二、起稿铺色

掌握住一幅画大的色彩关系是色彩风景练习的首要课题。只有大的色彩关系画对了，画面才能像样。

铺大体色要全面地铺开（见彩图6b、彩图7b），因为画面上的每一块色都不是孤立的，而是互相影响的。不全面铺开就无法进行比较，也就很难画准色块间的关系。铺大体色时，为了控制住画面的基调与气氛，要注意整体关系，运笔要迅速，这样色彩感觉也会较敏锐，呈现在画面上的色彩也易活泼新鲜。由于受光色多变与气候的影响，室外作画的

动作要快方能抓住风景景物的情调。作色彩风景写生一定要十分重视第一感受，优柔寡断只会自毁画面。

大体色铺好后，要进行整体的比较，审视色块与色块之间的关系是否画得准确，是否把握住了大的基本调子。如不准确要立即调整，直到把色彩关系画准为止。

大体色是为下一阶段的深入作铺垫。铺大体色要用大号的笔，水分相对要多一些。铺色一般是从远到近，先天空后水面，先远景后近景。

## 三、重点深入

所谓重点即指画面的主体物，或是趣味中心。没有重点深入，没有细致刻画，就没有持久的观赏价值。

重点刻画可使画面更完美，更富有艺术感染力。在深入刻画对象时，要仔细观察、悉心比较，利用比色调、比冷暖、比色相、比明度等方法，找出对象细致、微妙的色彩关系，认真地刻画出主体物的品质、特点（见彩图6c、彩图7c）。

这一阶段可多看、多研究，少动笔。

## 四、调整完成

一幅色彩风景画基本完成后，还有待于作进一步调整。调整阶段需要多看、多想、多比较，看所要表现的主题是否明显，画面的色彩是否统一协调，虚实照应是否妥当，空间感、层次感是否深邃等。

此时，要果断地用笔把不够突出的地方加强，不够虚远的地方洗淡，使画面主次分明，虚实相生，气韵生动，浑然一体。

调整时更要充分发挥主观处理的作用，根据意境和画面的需要，强化某些地方，减弱某些地方，使画面更集中、更强烈、更带有艺术性（见彩图6d、彩图7d）。

### 思考与练习

1. 简要概括学习色彩的三种不同方法。并列举你最喜欢的一些色彩作品，谈谈其用色的特点。
2. 简述光与色彩的关系。
3. 原色、间色、复色、补色是如何产生的？它们之间的关系又是怎样的？
4. 请同学们进行间色、复色的调色练习，观察不同的材质所表现出来的效果有何不同。
5. 简述色彩的四个基本属性。

6. 绘画中几种主要颜色的色彩情感特征是什么?
7. 简述色彩的变化因素。
8. 何谓色调? 色调的类别有哪些?
9. 简述冷暖色调的各自特点，并列举绘画作品说明冷色调与暖色调所给你的不同感受。
10. 如何使用色彩? 并概括调色的基本方法。
11. 简述色彩的观察方法。
12. 简要概括色彩的表现力。
13. 简述色彩静物写生的步骤及要点。
14. 简述色彩风景写生的步骤及要点。

# ●参考文献●


1 赵春林，宣大庆. 园林美术. 杭州：中国美术学院出版社，1992.

2 杨身源，张弘昕. 西方画论辑要（修订本）. 南京：江苏美术出版社，1998.

3 杨义辉，刘骥林，曹大庆. 素描. 西安：陕西人民美术出版社，1996.

4 华松津，华天阳. 石膏几何体画法. 杭州：浙江人民美术出版社，2003.

5 宣大庆. 风景速写画法. 杭州：浙江人民美术出版社，1997.

6 宣大庆. 风景写生训练. 北京：中国劳动社会保障出版社，2003.

7 宣大庆. 速写画法. 杭州：中国美术学院出版社，1999.

8 夏春明. 花卉写生. 杭州：浙江人民美术出版社，1995.

9 乔木. 花鸟画基础技法. 上海：上海人民美术出版社，1982.

# 附录　作品图例欣赏

## 一、素描石膏几何体与素描静物

图例1　卡拉卡拉　宣阳

图例2　伏尔泰　宣阳

图例3　朱利阿诺·美第奇　宣阳

图例4 荷马 宣阳

图例4 荷马 宣阳

图例5　塞内卡（海盗）　宣阳

图例6　亚历山大半面像　宣阳

图例7　石膏几何体一　庆子

图例8　石膏几何体二　庆子

图例9　石膏几何体三　庆予

图例10　石膏几何体四　庆子

图例11　石膏几何体五　庆子

图例12　青花茶壶　庆予

图例13　黑釉壶　庆予

图例14　加饭酒坛　庆子

图例15　静物　彭磊

图例16　静物　先年

## 二、速写风景

图例17　拙政园与谁同坐轩

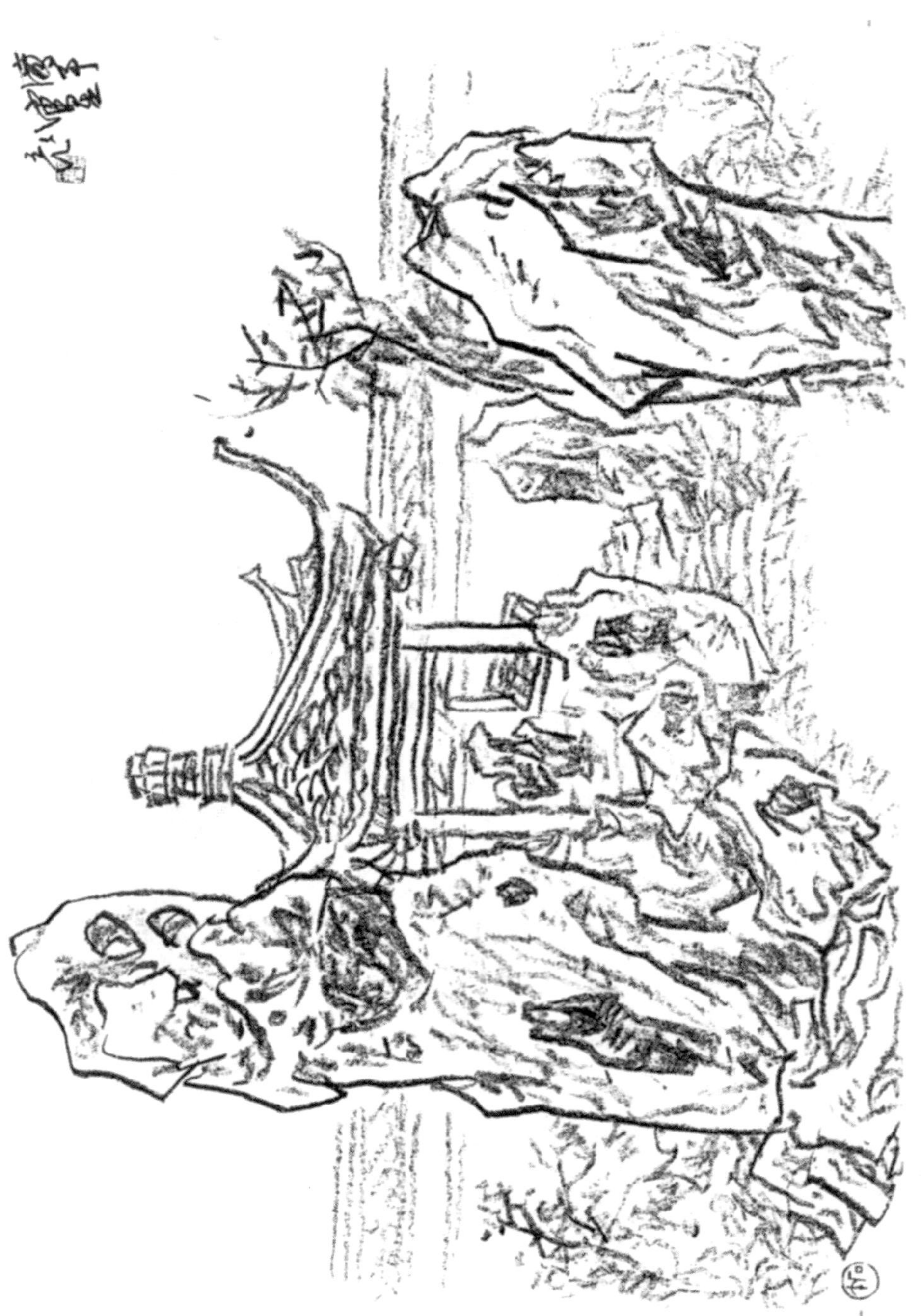

图例18 网师园殿春簃

图例19　龙泓洞口的理公塔

图例20　特特寻芳上翠微

图例21　黄龙积翠

图例22　周庄双桥月色

图例23　绍兴柯桥

## 三、线描花卉

图例24 西山公园牡丹

图例25　姣容三变

图例26　豆荚飘香

图例27　无人知处忽然香

图例28　吟雨

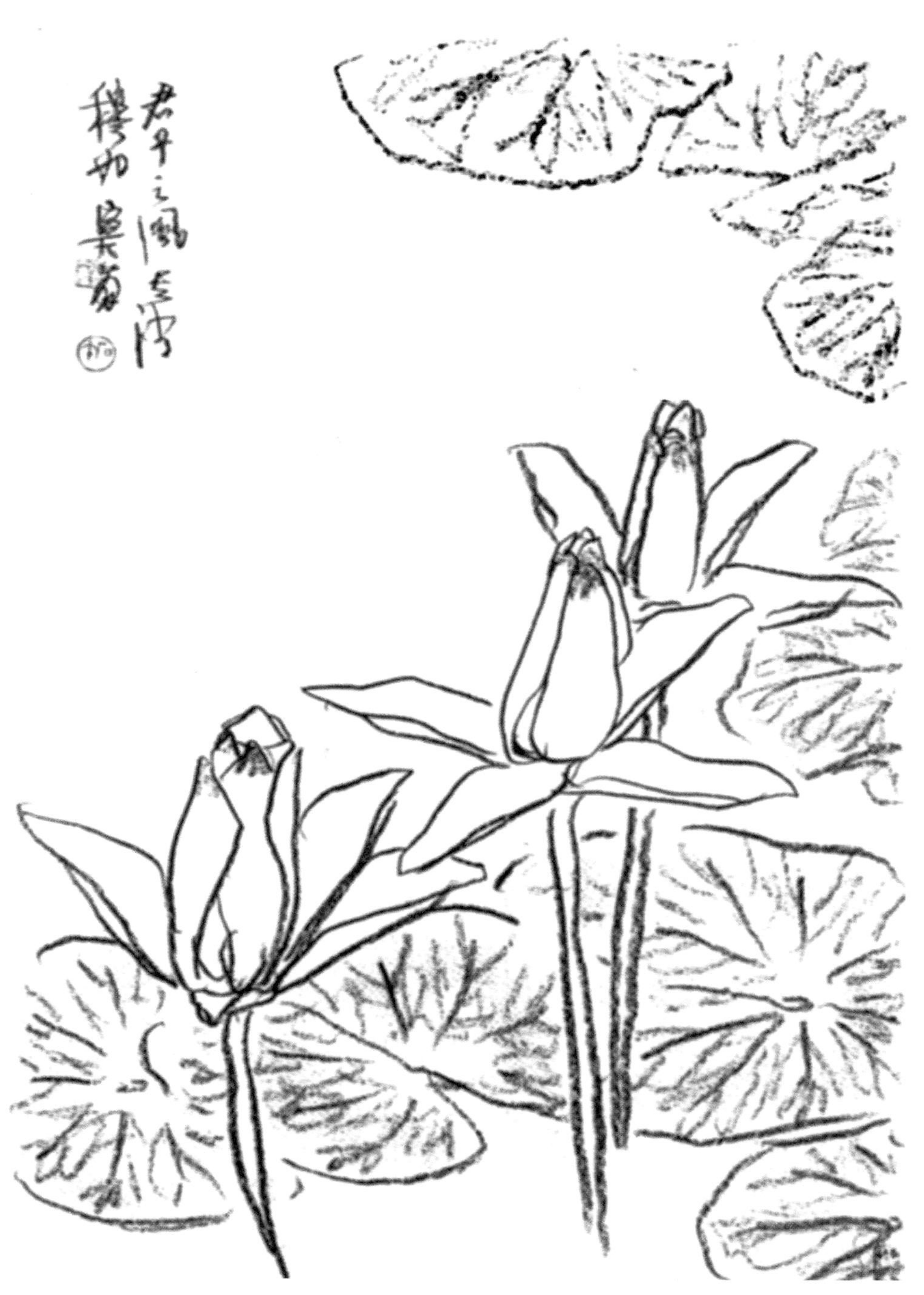


图例29　君子之风，其清穆如

图例30　彩湖花树

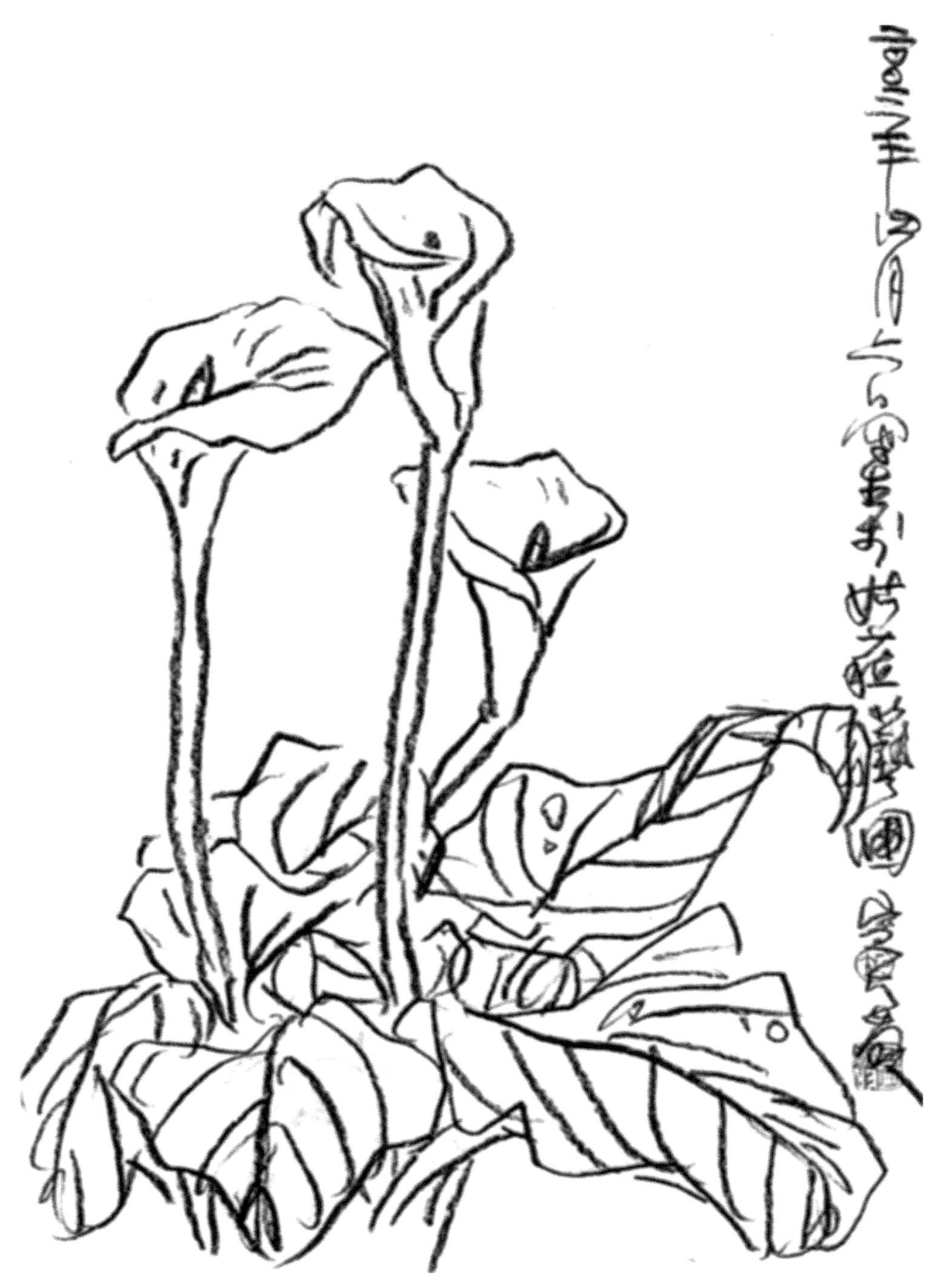

图例31　姑苏艺圃所见

图例32　农圃珍果

图例33　得得东风立水滨

## 四、色彩静物（彩色）

图例34　绿布上的泡菜坛与苹果　宣阳

图例35　花瓶与葡萄　宣阳

图例36 鸳鸯与水果 宣阳

图例37　红布上的面包与水果　宣阳

图例38　红葡萄酒与香蕉　宣阳

图例39　红玫瑰　宣阳

图例40　黄菊花　宣阳

图例41　白水壶　宣阳

图例42　四耳罐与紫茶壶　宣阳